U0181824

SCIENCE IS BEAUTIFUL
THE HUMAN BODY UNDER THE MICROSCOPE

科学之美
显微镜下的人体

SCIENCE IS BEAUTIFUL
THE HUMAN BODY UNDER THE MICROSCOPE

科学之美
显微镜下的人体

［英］科林·索尔特（Colin Salter） 著

吴舟桥 孙晓婉 译

p96
内耳中的耳石

正在吞噬结核菌的巨噬细胞
p127

p125
禽流感病毒 H5N1

巨噬细胞和血小板
p47

淋巴母细胞 p46

p141 葡萄球菌

北京大学出版社
PEKING UNIVERSITY PRESS

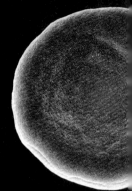

著作权合同登记号　图字：01-2017-2184
图书在版编目 (CIP) 数据

　　科学之美：显微镜下的人体 /（英）科林·索尔特 (Colin Salter) 著；吴舟桥，孙晓婉译 . —北京：
北京大学出版社，2020.7
　　ISBN 978-7-301-29068-2

　　Ⅰ . ①科 …　Ⅱ . ①科 …　②吴 …　③孙 …　Ⅲ . ①人体科学—普及读物　Ⅳ . ① Q98-49

中国版本图书馆 CIP 数据核字 (2020) 第 095258 号

书　　　名	科学之美·显微镜下的人体
	KEXUE ZHI MEI·XIANWEIJING XIA DE RENTI
著作责任者	〔英〕科林·索尔特（Colin Salter）著　吴舟桥　孙晓婉 译
责 任 编 辑	刘清愔　李淑方
标 准 书 号	ISBN 978-7-301-29068-2
出 版 发 行	北京大学出版社
地　　　址	北京市海淀区成府路 205 号　100871
网　　　址	http://www.pup.cn　新浪微博：@ 北京大学出版社
微信公众号	科学与艺术之声（微信号：sartspku）
电 子 信 箱	zyl@pup.pku.edu.cn
电　　　话	邮购部 010-62752015　发行部 010-62750672　编辑部 010-62753056
印 刷 者	北京九天鸿程印刷有限责任公司印刷
经 销 者	新华书店
	889 毫米 ×1194 毫米　16 开本　12.25 印张　300 千字
	2020 年 7 月第 1 版　2021 年 7 月第 2 次印刷
定　　　价	128.00 元

目　录

Contents

第2页图：二甲双胍晶体（偏振光显微镜图像）

这是糖尿病典型药物——二甲双胍的特征翼状曲线。在世界卫生组织的基本药物清单中，二甲双胍和格列本脲是两种口服治疗糖尿病的药物。它们发挥功能的机理不同：格列本脲能够刺激胰岛素的产生，以分解血液中的葡萄糖；二甲双胍能够抑制肝糖原的分解，从而降低血糖。（放大倍数：220倍，原图尺寸为10cm×10cm）

上图：红细胞和白细胞（彩色扫描电子显微镜图像）

血液属于循环系统，负责运输。红细胞形似两端被拇指和食指捏扁的豌豆，含有能够携带氧气的血红蛋白。血液通过流动，将氧气运送到缺氧的地方。红细胞的凹陷增加了它的表面积，使其能够携带更多的氧气。白细胞（蓝色）对我们的免疫系统至关重要。它们的卷须像刷子一样，能够捕获异物并抵抗感染。红细胞和白细胞都是在我们的骨髓中产生的。（放大倍数：未知）

本书图像是怎么拍摄的　　7

光学显微镜图像—电子显微镜图像—X光照片—电子计算机断层扫描和核磁共振扫描—染色

显微镜下的细胞　　11

培养基里的人类神经细胞—精子的产生—精子的产生—脑细胞—大脑中的神经细胞—星形胶质细胞—神经节—神经细胞—神经细胞的生长—成纤维细胞—小脑中的浦肯野细胞—神经细胞的培养—大脑皮层神经细胞—多极神经元—树突细胞—神经祖细胞的分化—激素受体神经细胞—肝细胞—空的脂肪细胞—脂肪细胞—X和Y染色体—男性的染色体

显微镜下的血液　　37

骨髓—血栓中的红细胞—白细胞和血小板—淋巴细胞—小胶质细胞—小胶质细胞—具有延伸的伪足的巨噬细胞—淋巴母细胞—巨噬细胞和血小板—吞噬红细胞的巨噬细胞—淋巴结内的浆细胞—动脉横截面—十二指肠血管—小肠血管—肺血管—十二指肠绒毛中的血管—胃壁血管—脑血管—视网膜血管—血脑屏障—骨骼肌毛细血管供血—血凝块—肥大细胞—心肌

显微镜下的大脑　65

　　大脑皮层的神经元—培养基里的脑细胞—大脑的血液供应—多巴胺—胼胝体—白质纤维—小脑切片—小脑—淀粉样体—脑组织中的星形胶质细胞—脑中的神经组织—脑通路—星形胶质细胞—小脑组织—胎儿的脑细胞—脑垂体

显微镜下的器官　85

　　血清素晶体—肺细胞—肺泡—肺泡和支气管—肺组织—肾上腺素晶体—血清素晶体—内耳中的螺旋器官—内耳中的耳石—眼球晶状体—视网膜—眼球虹膜—视网膜—肝组织—胆囊表面—肾小球—肾小球—肾小球—肠道微绒毛—胰岛素晶体—胰岛素晶体—胰岛—胰岛—输卵管绒毛—舌组织—食管的微褶皱—甲状腺毛细血管—皮肤—褪黑素晶体

显微镜下的疾病　123

　　上皮癌细胞—结核分枝杆菌—禽流感病毒H5N1—正在吞噬结核菌的巨噬细胞—被疟原虫感染的红细胞—甲型H1N1流感病毒颗粒—胆结石晶体—阴道癌细胞—食道癌切片—肝癌细胞—睾丸癌切片—乳腺癌切片—甲状腺癌切片—前列腺癌切片—肿瘤血管—葡萄球菌—军团菌—化脓性链球菌—唾液链球菌—大肠杆菌—脑膜炎双球菌—扩大的心脏—心脏病发作后的心脏—疱疹病毒感染的细胞—麻疹病毒—阿尔茨海默病患者的大脑—肌营养不良的肌肉组织—噬菌体—沙门氏菌—贾第虫

显微镜下的药物　159

　　二甲双胍晶体—紫杉醇晶体—海拉细胞—海拉细胞—偏头痛药物晶体—阿司匹林晶体—阿司匹林晶体—尿囊素晶体—舒喘灵晶体—大麻叶片表面的毛状体—青霉孢子—青霉菌—青霉菌—青霉菌—青霉菌—扑热息痛晶体—格列本脲晶体—地达诺新晶体—红霉素晶体—药物载体—人造血管—咖啡因晶体—叶酸晶体

索引　190

图片致谢　193

本书图像是怎么拍摄的

大部分时间我们都看不到我们身体内部发生了什么——不是因为它娇气，而是因为它的内部系统极其复杂。我们可能会问，我们的机体如乐器般复杂又完美精细，是如何应对每天源源不断的"碰撞和摩擦"的？这些精密设计的零部件是如何应对日常使用的磨损，又是如何抵抗衰老的？

很遗憾，我们的身体并不能阻止磨损和衰老的发生。身体的零件有时候不仅会出现磨损甚至会出现损不，而且还经常需要修理和更换——这正是医生的工作，他们需要探究我们身体的"内部情况"。当然，不又仅是医生，对于我们而言，了解我们的身体如何运作也是非常重要的。因为如果我们身有病痛但对病痛的原因毫无了解的话，真的是一件很糟糕的事。因此适当地了解我们的神经、消化和循环系统如何运作，对我们预防疾病、改善健康是很有帮助的。

同所有实践科学一样，医学也讲究观察和推理。在人类文明刚开始时，我们的祖先就观察到，一些植物在某些情况下具有药用价值。而公元前 1600 年的埃及人就记载了当时战场上所使用的外科手术技术，这足以证明当时人们已经掌握关于人体主要器官的解剖学知识了。从那时起，我们一步步地对我们身体内部运行机制有了越来越深入的了解。当然，古埃及的先人们是无法想象本书图片所呈现的机体的微观图像的，而这些微观图像对于我们了解自己的身体却起到了前所未有的重要作用。

那么，我们如何看到人体内部的这些细节呢？你会看到本书中每张图片旁边都有一段注释/说明文字。如果仔细阅读这些注释的话，不难发现本书中绝大多数的图片都是显微图像，也就是通过显微镜对微小细节进行放大成像。而实际上，要想获得这各式各样的图片，我

们有着很多不同的方法。

光学显微镜图像

光学显微镜图像是由传统的光学显微镜产生的图像。光学显微镜是 16 世纪发明的一种传统的显微镜它通过透镜把标本在自然光或人造光下进行放大。当光线照射到物体上时，光线会按照物体颜色、纹理和角度的状况被物体表面反射。而这些被反射的光线进入我们的眼睛或者（在一些情况下）再次通过透镜射入我们眼球并在视网膜的感光细胞上产生刺激信号。大脑处理这些细胞收集到的关于形状、大小以及颜色和纹理的信息，这就是我们最熟悉不过的感觉之一——视觉的成像过程。实际上，光学显微镜显示的和我们肉眼能看到的差不多，它只是起到了一个放大的作用。

17 世纪晚期，显微镜成为科学研究的重要工具。显微镜是观察微观事物最简单的低技术、低成本的工具。显微镜自被发明的 400 年以来，它的本质几乎没有什么变化。而其最主要的一些革新在于观察标本的光线。例如，将偏振光照射到标本上，就能像偏光太阳镜一样，显示出标本特定的颜色和结构图案。你可以从这本书里的一些药品图片中看到这些偏振光显微镜的显示效果。微分干涉相差显微镜则使用了两束偏振光，它们生成的对比度图像被结合在一起以显示标本细节。这对于研究透明材料有着更重要的意义。

荧光可以帮助显示原本不可见的细节。生物样本中的特定成分可以被荧光化学物质标记染色，这些荧光化学物质在特别窄的波长的光线范围内可见，于是我们可以获得荧光显微图像。免疫荧光显像技术则是利用了机体免疫系统中的抗体反应给观察目标染上荧光。多光子荧光显微镜比通常的荧光显微镜使用波长更长的光

其能量更小，因此对被观察的细胞造成的损害更少，而这一优势在更长的观察周期，或在研究活细胞时就能够发挥出来。

当通过显微镜，特别是高倍镜观察厚的标本时，可能无法在一个焦距下观察到整个标本，但我们也有许多技术克服这个困难。共焦显微照相术能够将标本的失焦部分从图像中删除，这种技术被应用于荧光显微成像过程以避免模糊的背景荧光对图像的干扰。反卷积荧光显微成像术则采用了不同的方法，它并不舍弃虚化的图像成分，而是通过计算机计算出是什么形状导致了模糊，然后用数字技术"恢复"清晰的图片。

电子显微镜图像

20 世纪初，科学家们研发出了一种技术含量极高的新型显微镜来替代传统的光学显微镜。第一台电子显微镜于 20 世纪 30 年代问世，它不使用光束而是使用电子枪发出的电子流来"照射"目标。传统显微镜利用透镜来改变光的传播方向，而电子显微镜则用电磁体来改变电子束方向。如果电子束密度足够大，我们就有机会看到更多光学显微镜下不可见的细节——换句话说，人类第一次有机会看到我们肉眼不可能看到的东西。

电子显微镜有两种类型：透射电子显微镜（TEM）和扫描电子显微镜（SEM）。如同它们的名字，透射电子显微镜发出的电子是透射的——也就是说，它们直接穿透被观察目标。正如可见光线通过彩色玻璃时会受到影响，电子穿透观察目标时也会受到目标材料的影响。就像需要让阳光透过彩色玻璃窗，我们才能看到设计师的匠心设计，电子透过被观察的目标并受其影响，最终形成了观察目标的图像。透射电子显微镜的图像是在材料的另一面通过照相机或荧光屏采集的。

与透射电子显微镜不同，扫描电子显微镜中的电子并不会穿透样本，而会像织网一样扫描样本。它们与材料中的原子相互作用，然后材料释放出其他电子。这些次级电子根据材料表面的形状和成分向各个方向发射，

然后被探测到。将这些次级电子的信息与原始电子扫描的细胞相互比对，就能建立扫描电子显微图像。

大多数扫描电子显微镜在真空环境中才能正常运作。当然也有一些例外，比如，一些材料在真空中可能会变得非常不稳定，这时候我们可以在气体或是液体中用环境扫描电子显微镜（ESEM）来观测。另外，离子磨损扫描电子显微镜能利用聚焦的离子束剥离一层薄薄的物质，如去除细胞的外膜，如同在考古挖掘现场轻轻抹去出土物表面的泥土一样。这使得对单个细胞内微小结构的分析成为可能。

因为电子必须通过材料，所以透射电子显微镜只能处理非常薄的材料样本。扫描电子显微镜则可以处理体积更大的材料，所得的图像可以传达景深。然而，透射电子显微镜具有更高的分辨率和放大倍数，其具体数值是难以想象的，它可以显示宽度小于 50 皮米（50 万亿分之一米）的细节，并将它们放大超过 5000 万倍。扫描电子显微镜可以"看到"一纳米（1000 皮米）的细节，并将其放大 50 万倍。相比之下，普通的光学显微镜只能显示大于 200 纳米的细节（比透射电子显微镜能显示的大 4000 倍），并仅提供 2000 倍的有效的、不失真的放大倍数。

为了应用显微镜观察人体组织，我们必须把组织从身体里取出来，做成切片，但这在很多情况下是不可能的。因此，为了观察完整身体里的器官、组织，我们还需要其他技术。

X 光照片

X 射线成像是检查人体内部结构最常用的技术了。X 射线由德国物理学家威廉·伦琴（Wilhelm Röntgen）于 1895 年发现。当我们用这种频率大于紫外线的电磁波照射身体时，大部分射线能穿过身体，在另一侧被收集最终形成 X 光照片。而一些 X 射线会被器官等高密度的部位吸收，或是被骨骼完全阻断。这些部分最终在 X 光照片中以阴影的形式呈现出来。

X 光照片最常用于观察骨折或是意外吞食异物的状况。虽然 X 光照片显示的信息有限，但有时也可以用来诊断一些基础的疾病。如通过观察 X 光照片中肺部的透明度是否降低来诊断病人是否患有肺结核和肺炎。

在拍摄 X 光照片前，病人有时需要服用"钡餐"。这是因为，在 X 射线下，胃肠道内的钡剂能够阻断 X 射线，这样通过对比就可以帮助显示出肠道内的异常情况。血管造影成像技术的原理与此类似，如同病人服用"钡餐"一样，造影剂被注入血液，它们可以阻断 X 射线，从而使动脉、静脉和其他血管呈现出清晰的网络，在这些血管网中可以识别出狭窄或阻塞之类的异常病变。

在某种意义上，闪烁扫描法的原理与 X 射线成像恰恰相反。闪烁扫描是通过使用放射性同位素显像的。不同于 X 射线，同位素从体内发出辐射。身体周围的摄像头可以探测到这些排放物，从而揭示出这些同位素传递的路径。辐射浓度高则表明该部位狭窄或出现梗阻。

电子计算机断层扫描和核磁共振扫描

20 世纪 70 年代，计算机技术被应用于 X 射线成像术中，由此产生了电子计算机断层扫描技术（CT）。CT 用各个方向的 X 射线扫描物体，再通过计算机编译，最终显示出人体的横截面。由于包含人体各个角度的信息，CT 照片能够比 X 光照片显示出的信息多得多。

但是 CT 中高剂量的 X 射线会对身体造成一定的损害。相较而言，20 世纪 80 年代出现的核磁共振成像技术（MRI）则消除了人们的担忧。当然，一些身体内有特定金属植入物的患者是不能进行该项检查的。MRI 扫描仪使用磁场强的电磁体刺激身体水分中的氢原子，通过扫描人体各个横截面，检测氢原子的辐射频率和再次稳定后的速度，然后就可以描绘出一幅详细的人体"地图"。

CT 和 MRI 使我们不用打开病人的肚子就可以找到身体内的病变，这为患者和医生都带来了很大的便利。

MRI 中的一些特殊弥散成像方法能够更进一步追踪水分子的运动。这些技术通过制作我们大脑神经通路的图像，使我们对大脑的工作机制研究得更加透彻。

染色

如果你见过人体结构的"真实面目"，你就会发现它们的颜色与这些图像所呈现出的截然不同。我们都是由血和肉构成的，而事实上，人体有许多细胞结构是透明的，没有颜色。因此，这里的许多图像都是通过人为染色标记特定组织来显示其结构的。比如，虽然有专业背景的人知道肺部的膜和空腔是粉色的，但对普通读者来说，对颜色进行一些"编辑"则更有助于理解。

利用电脑，我们可以轻松地给图像赋予不同的颜色。但有时候，我们也可以直接用染色剂给标本染色。除了用来制作荧光显微图像的荧光染料外，生物学家还引入了各种各样的染色剂，以突出样品中不同的成分，并最终在图像中呈现出来。特定的颜色可以用来显示特定的蛋白质，比如，只对作为研究对象的蛋白质染色（称为阳性染色），或对此蛋白质以外的物质染色（称为阴性染色）。在一般情况下，我们更喜欢阴性染色，这是因为在显微镜下，即使是少量的阳性染色也可能模糊一些细节。不过无论应用哪种方式，染色都是一个非常实用的方法，能够帮助专业人士和大众了解人体内微小复杂的结构。

运用以上技术手段，我们能够对我们的机体一探究竟。追根溯源，这是因为我们渴望了解人体内部的运转机制，在其出现故障时能够及时对其修复。我们常说人体如同一台完美的机器，很多时候它能修复损坏的"零件"，能有规律地运转，能决策出最佳的运行方案，能够保护自己免受各种外敌的"入侵"。除了适应各种外部环境，这台"机器"还懂得欣赏艺术、感知爱。人体是这样一个复杂而又美妙的存在，正如本书所试图证明的那样，人体的科学如此美丽！

显微镜下的
细 胞

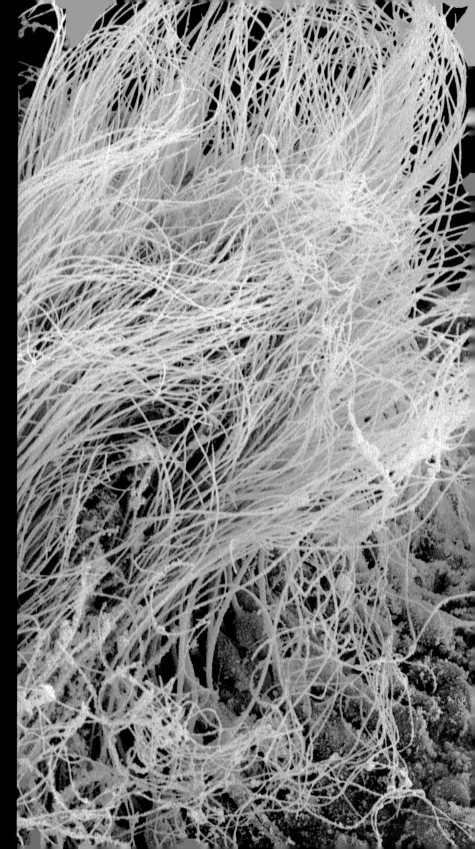

篇章页图：培养基里的人类神经细胞（光学显微镜图像）

为研究中枢神经系统的运作机制，在受控的实验室条件下培育神经细胞是研究人员稀松平常的工作。这些神经元构成的神经网络可以通过电极连接到计算机上，研究人员便可以发送或接收来自细胞的信号。光学染色法——通过测量在不同波长光线下细胞的外观，让我们"看到"了微观世界中绚丽多彩的图像。（放大倍数：未知）

右图：精子的产生（彩色扫描电子显微镜图像）

精子是在睾丸内许多高度折叠的小管道里产生的，这些小管道被称为生精小管或曲细精管。在图像中央可以看到发育中的精细胞的尾巴（蓝色）。生精小管的内壁包含两种细胞：睾丸支持细胞（红色），它们负责滋养发育中的精细胞；睾丸生精细胞（绿色），它们能够最终发育成精细胞。这张图像的标本是通过快速冰冻、切割新鲜组织并制片获得的，这种制片方法被称为快速冰冻病理切片。（放大倍数：未知）

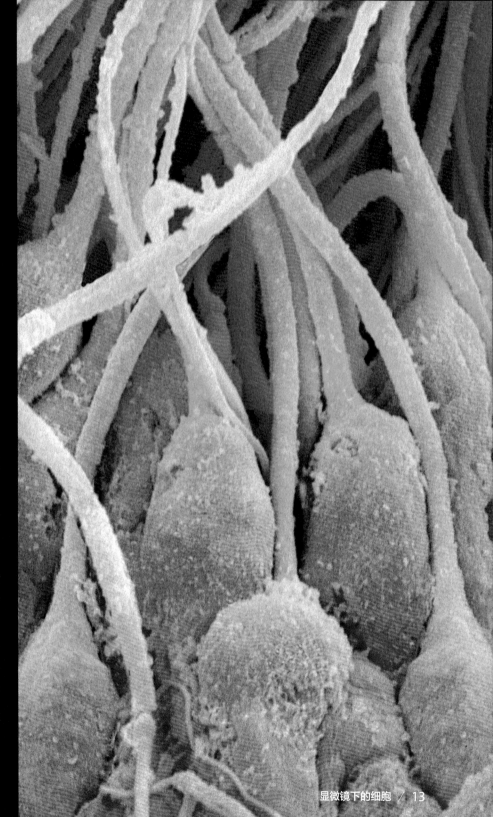

精子的产生（彩色扫描电子显微镜图像）

　　精细胞（有蓝色的尾巴）在睾丸的生精小管内产生。正在发育的精子头部（绿色和红色，穿过底部）嵌入一层睾丸支持细胞（红色）中，它们可以为精子的发育提供营养。精子头部的遗传物质是精子与卵细胞结合实现受精的至关重要的物质基础。而精子形成（spermoigenesis）是指精子逐渐成熟，最终获得移动能力的过程。（放大倍数：3750 倍，原图尺寸为 10cm×10cm）

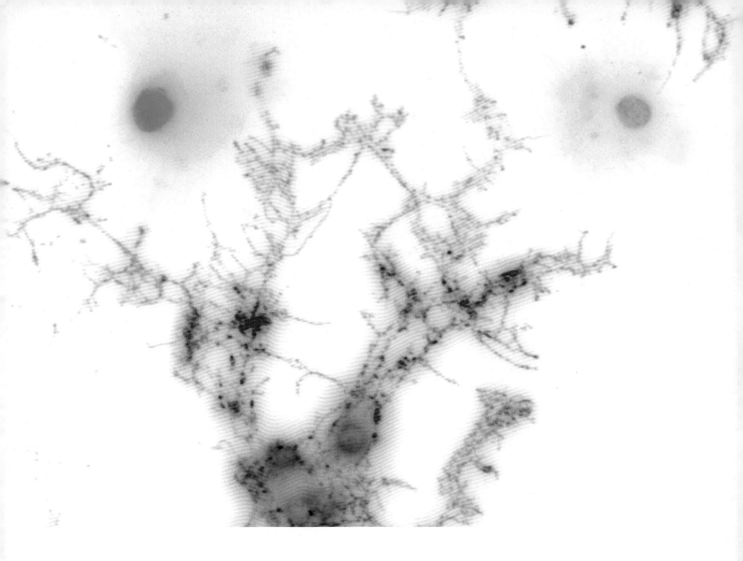

上图：脑细胞（荧光显微镜图像）

中枢神经系统中的细胞有一些是神经元（神经细胞），其余超过半数的是起辅助功能的细胞，举两个例子：其一为巨噬细胞（黄色），它是白细胞的一种，能够检测到对身体有害的微生物和其他威胁物，处理并吞噬它们；其二为寡树突细胞（红色），主要负责隔绝轴突，轴突是神经元的一个结构，能够以电脉冲的形式传递信息。（放大倍数：40倍，原图尺寸为 10cm×10cm）

后页图：大脑中的神经细胞（荧光显微镜图像）

神经细胞主要分布在大脑、脊髓（中枢神经系统）和神经节（中枢神经系统以外的神经细胞团）中。每个神经细胞都有一个巨大的细胞体（橙色），有几条长长的突起（绿色），负责处理信息。这些神经细胞包含多条短粗的树突（从其他神经细胞接收信息）和一条细长的轴突（经细胞体分析后传递信息）。（放大倍数：未知）

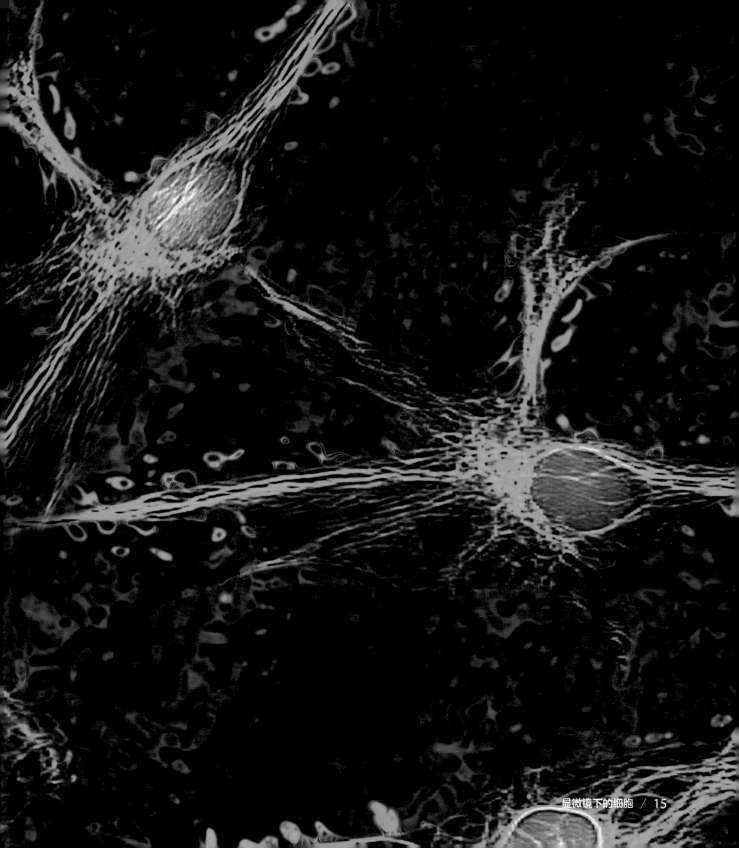

星形胶质细胞（荧光显微镜图像）

　　星形胶质细胞具有肢状分支，能够为神经元提供营养和支持。在这张人类胎儿的大脑图像中，星形胶质细胞核呈淡紫色；绿色的"叶子"是它们的蛋白质卷须，供树突和轴突吸收营养物质。星形胶质细胞还能修复由微生物、毒素或血液流失对神经元造成的损伤。（放大倍数：**40** 倍，原图尺寸为 **10cm × 10cm**）

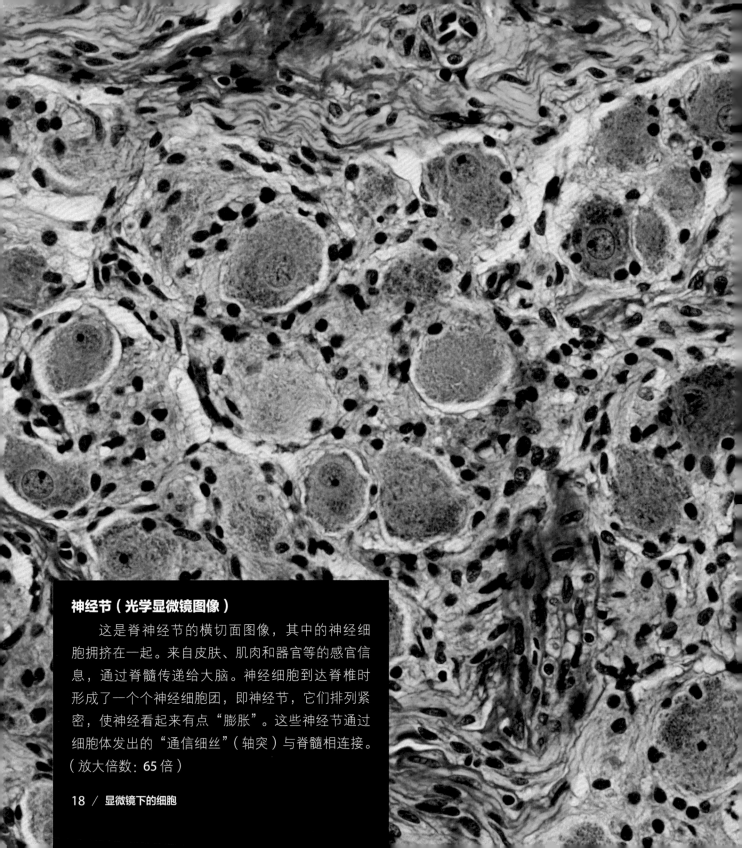

神经节（光学显微镜图像）

　　这是脊神经节的横切面图像，其中的神经细胞拥挤在一起。来自皮肤、肌肉和器官等的感官信息，通过脊髓传递给大脑。神经细胞到达脊椎时形成了一个个神经细胞团，即神经节，它们排列紧密，使神经看起来有点"膨胀"。这些神经节通过细胞体发出的"通信细丝"（轴突）与脊髓相连接。（放大倍数：65 倍）

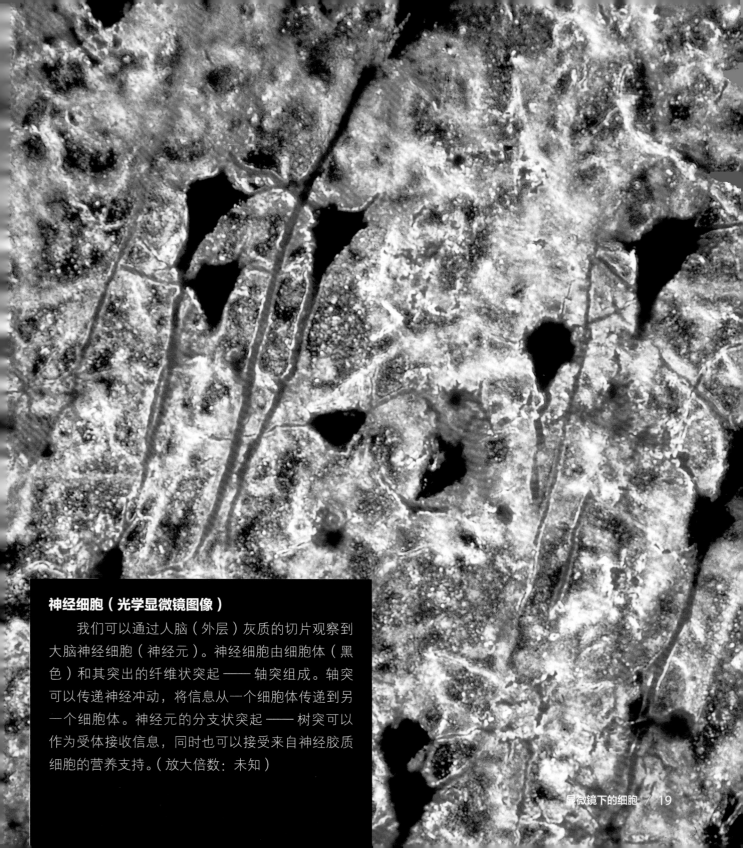

神经细胞（光学显微镜图像）

　　我们可以通过人脑（外层）灰质的切片观察到大脑神经细胞（神经元）。神经细胞由细胞体（黑色）和其突出的纤维状突起 —— 轴突组成。轴突可以传递神经冲动，将信息从一个细胞体传递到另一个细胞体。神经元的分支状突起 —— 树突可以作为受体接收信息，同时也可以接受来自神经胶质细胞的营养支持。（放大倍数：未知）

神经细胞的生长（荧光显微镜图像）

　　神经生长因子是一种蛋白质，在它的刺激下，神经细胞能够在实验室条件下正常增殖。图中有"分支"（蓝色）的"卷须"（黄色）是神经突起，负责神经细胞间的通信。每个细胞体有一个细胞核（粉色）。有关神经生长再生的实验室研究能够帮助我们了解很多神经疾病，例如脊髓麻痹，并寻找它们的治疗途径。图中所示是来自肾上腺肿瘤的 PC12 细胞，它们能够感知钙离子的浓度。（放大倍数：670 倍，原图尺寸为 10cm×10cm）

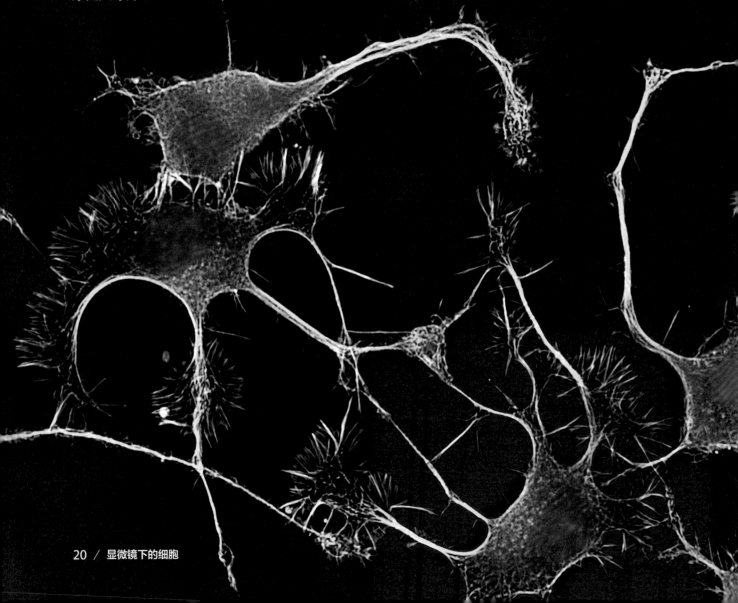

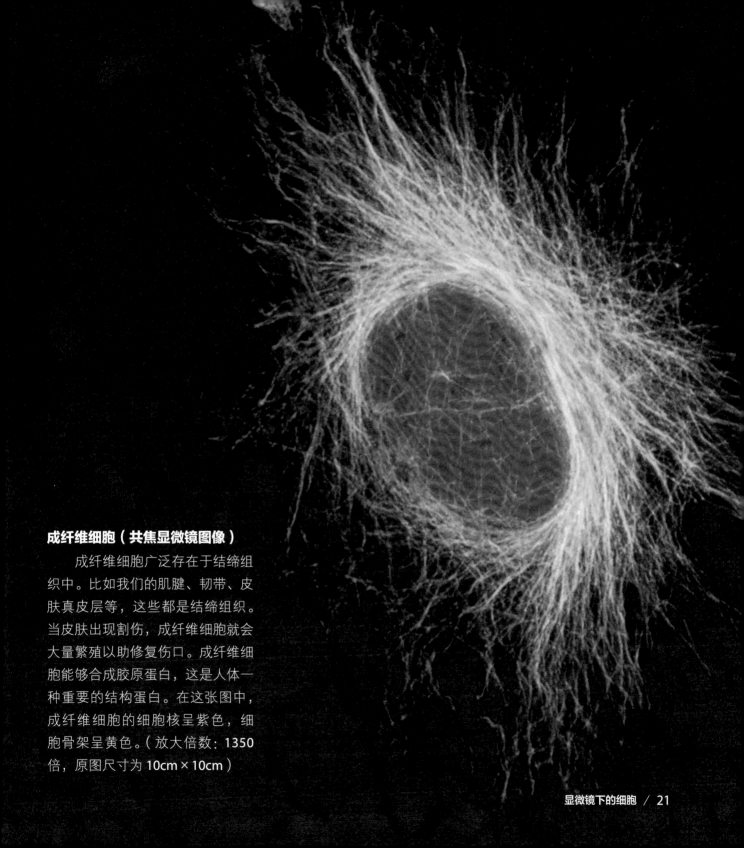

成纤维细胞（共焦显微镜图像）

　　成纤维细胞广泛存在于结缔组织中。比如我们的肌腱、韧带、皮肤真皮层等，这些都是结缔组织。当皮肤出现割伤，成纤维细胞就会大量繁殖以助修复伤口。成纤维细胞能够合成胶原蛋白，这是人体一种重要的结构蛋白。在这张图中，成纤维细胞的细胞核呈紫色，细胞骨架呈黄色。（放大倍数：1350 倍，原图尺寸为 10cm×10cm）

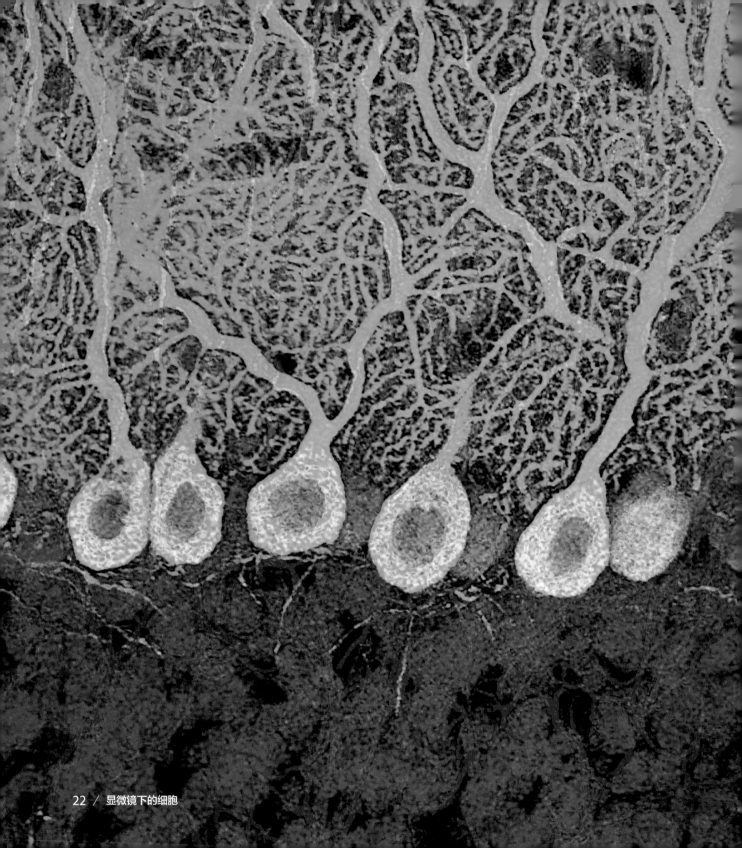

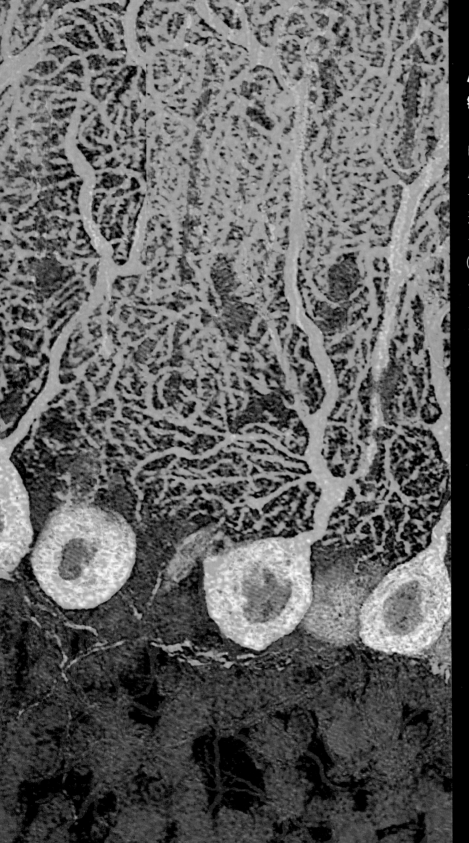

小脑中的浦肯野细胞（荧光显微镜图像）

这些如珊瑚一样、紧密排布的结构是小脑中的浦肯野细胞组成的。它们存在于小脑灰质的分子层和颗粒层之间。浦肯野细胞形似一个"烧瓶"（黄色，有一个红色的核），高度分支的树突（绿色）负责收集信息，能够延伸到外层（红色、绿色），而单一的轴突（细小的绿色线）则负责将信息传递回内层（蓝色、红色）。（放大倍数：380 倍，原图尺寸为 10cm×10cm）

神经细胞的培养（彩色扫描电子显微镜图像）

　　神经细胞通过神经突起与其他神经细胞进行信息交流。图中所示延伸状的分支便是神经突起，能够发送或接收信息。通过培养脊髓细胞样本生长出来的神经突起（图中并未显示），可以用于研究脊髓麻痹的治疗。这类研究通过培养这种神经组织，来探究促进神经细胞生长和神经再生的方法。（放大倍数：未知）

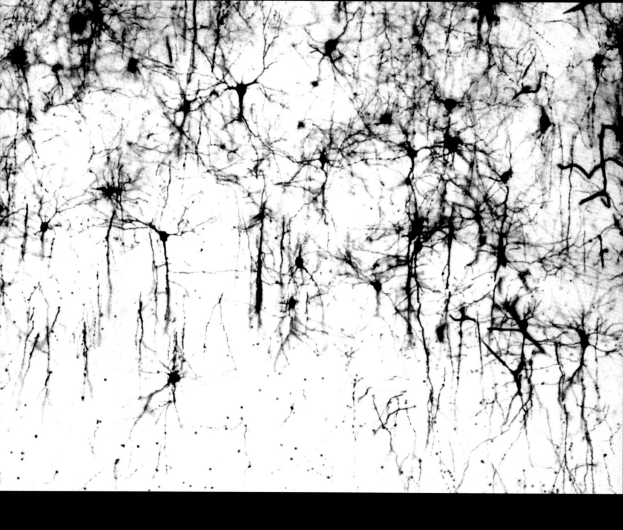

大脑皮层神经细胞（光学显微镜图像）

大脑皮层的灰质构成了大脑的外层，与有意识的思考、记忆和语言能力有关。图中这些蛛网状的皮层结构是神经细胞。其中的黑点是神经细胞的细胞体，它们发出树突和轴突，形成了相互缠绕的神经网络。这些神经细胞使得信息在身体周围被接收、分析并传递。（放大倍数：未知）

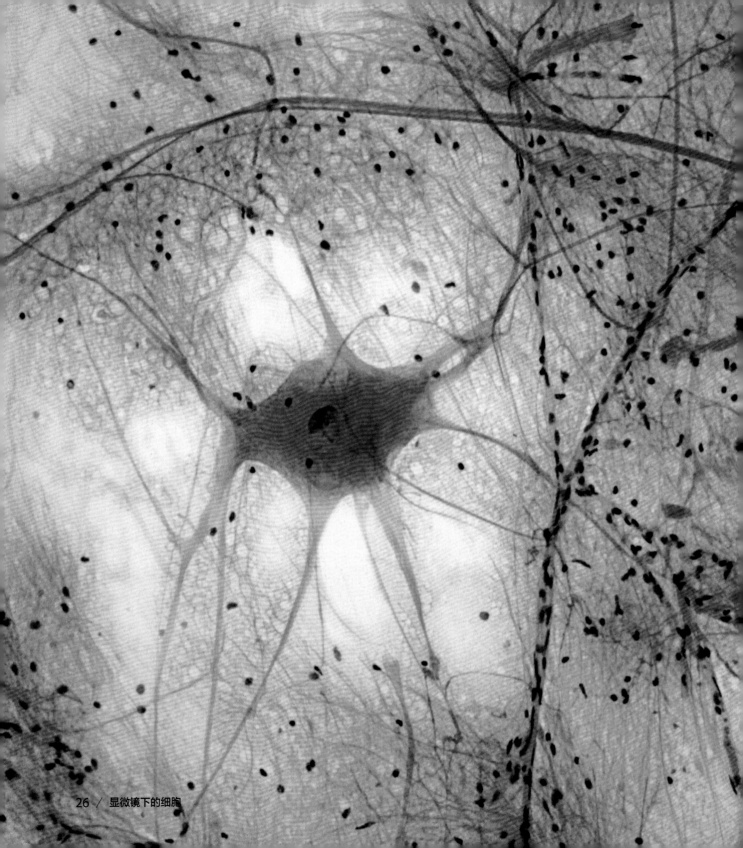

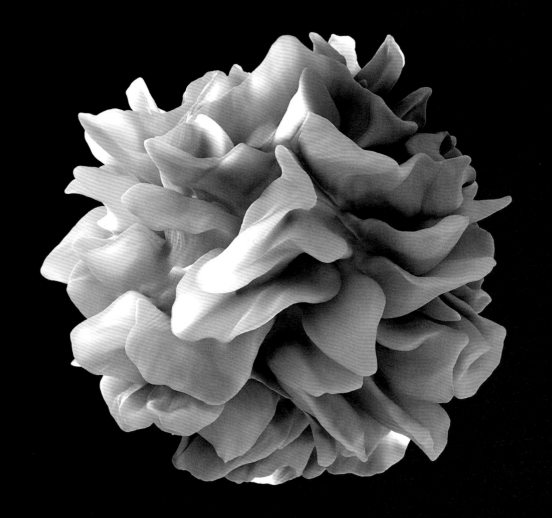

前页图：多极神经元（光学显微镜图像）

　　这些是脊髓灰质的多极神经元。中心细胞体的分支"手臂"是树突，能够接收来自其他细胞的电脉冲。在这里，一个中心细胞体发出多个树突，因此它们被称为多极神经元。同理，双极细胞体发出一个树突和一个轴突，单极细胞只有一个突起，轴突和树突都从中分支。（放大倍数：280 倍，原图尺寸为 10cm × 10cm）

上图：树突细胞（彩色离子磨损扫描电子显微镜图像）

　　树突细胞看起来像是一朵蓬松的牡丹花，它是免疫系统的组成部分。它的片状延伸使其表面积最大化，有利于捕获外来异物分子，并呈递给免疫系统的其他细胞，将异物消灭。而人类免疫缺陷病毒（HIV）正是利用这一过程来逃脱机体的免疫防御。当树突细胞捕获 HIV 细胞，并与 T 细胞（在胸腺中发育成熟的白细胞）相互作用时，HIV 就会转移到T 细胞并感染它们。（放大倍数：未知）

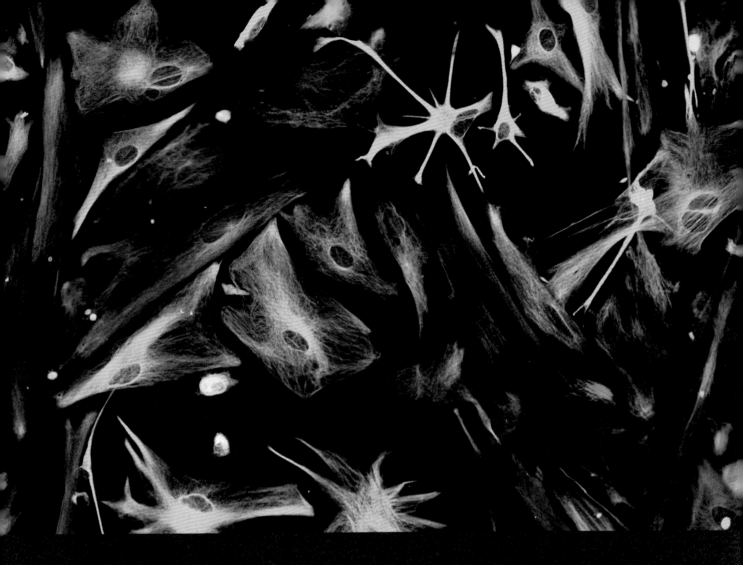

上图：神经祖细胞的分化（荧光显微镜图像）

神经祖细胞可以分化为神经细胞或神经胶质细胞，如星形胶质细胞，这些细胞可以为神经元提供营养。图中是培养了三周的神经元，星形胶质细胞在它们周围。神经祖细胞呈绿色，星形胶质细胞呈黄色，它们的核都是蓝色。神经祖细胞可用于补充受损或死亡的脑细胞。（放大倍数：未知）

后页图：激素受体神经细胞（共焦光学显微镜图像）

图中淡紫色的圆形小细胞是大脑中用于接受食欲素激素的神经细胞。它们的细胞核呈粉色，它们周围的神经细胞呈绿色，具有更大的细胞核（粉色）。食欲素，也有人称之为下视丘分泌素，既能通过诱导清醒来调节睡眠周期，也能刺激食欲，它之所以有两个名字，是因为它是由两组研究人员同时发现的，因此目前对于它们的命名还没有达成一致。（放大倍数：未知）

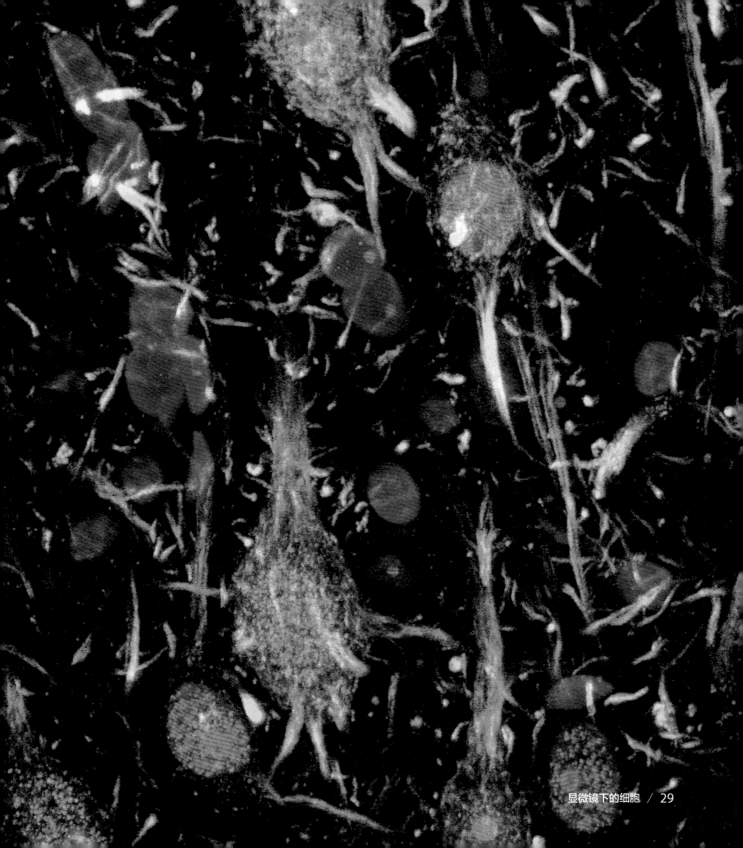

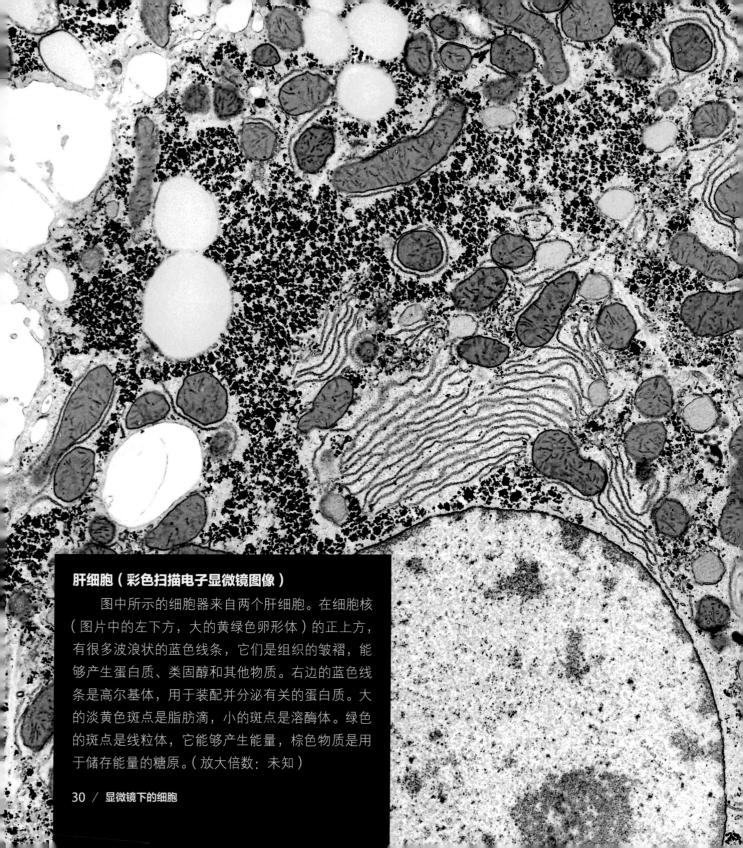

肝细胞（彩色扫描电子显微镜图像）

　　图中所示的细胞器来自两个肝细胞。在细胞核（图片中的左下方，大的黄绿色卵形体）的正上方，有很多波浪状的蓝色线条，它们是组织的皱褶，能够产生蛋白质、类固醇和其他物质。右边的蓝色线条是高尔基体，用于装配并分泌有关的蛋白质。大的淡黄色斑点是脂肪滴，小的斑点是溶酶体。绿色的斑点是线粒体，它能够产生能量，棕色物质是用于储存能量的糖原。（放大倍数：未知）

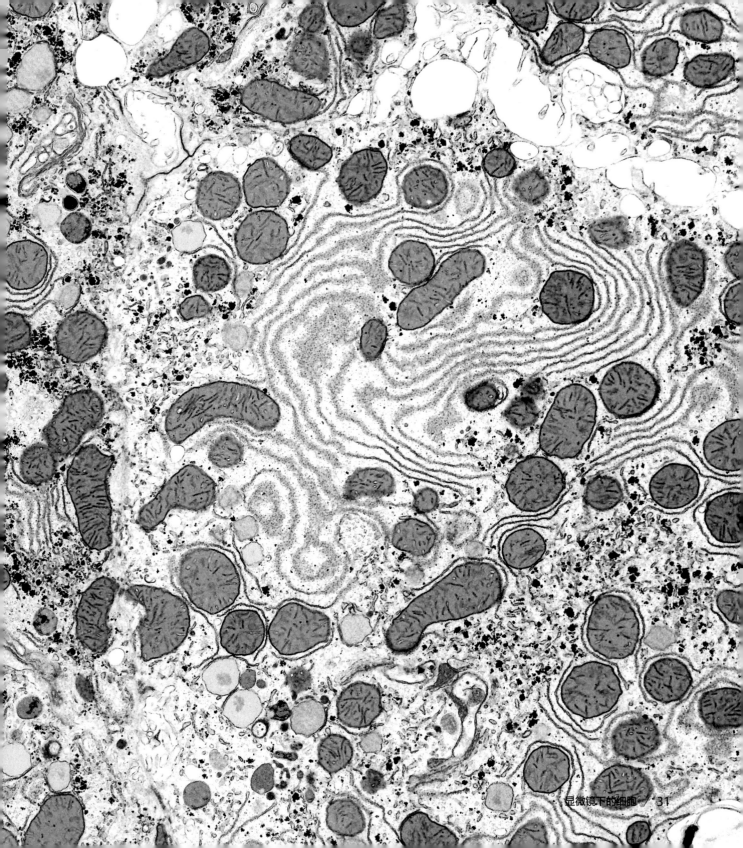

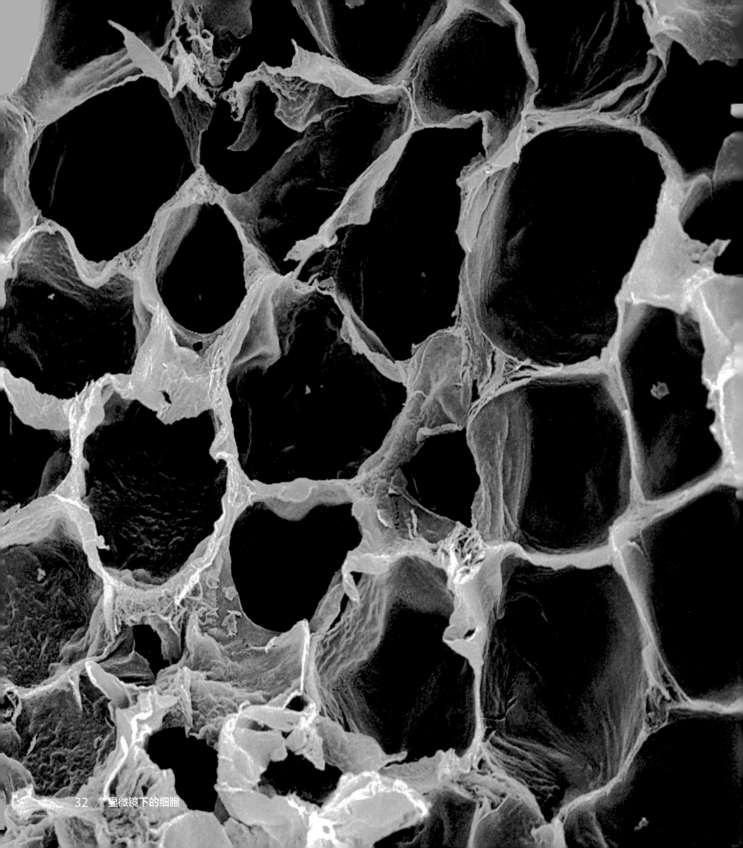

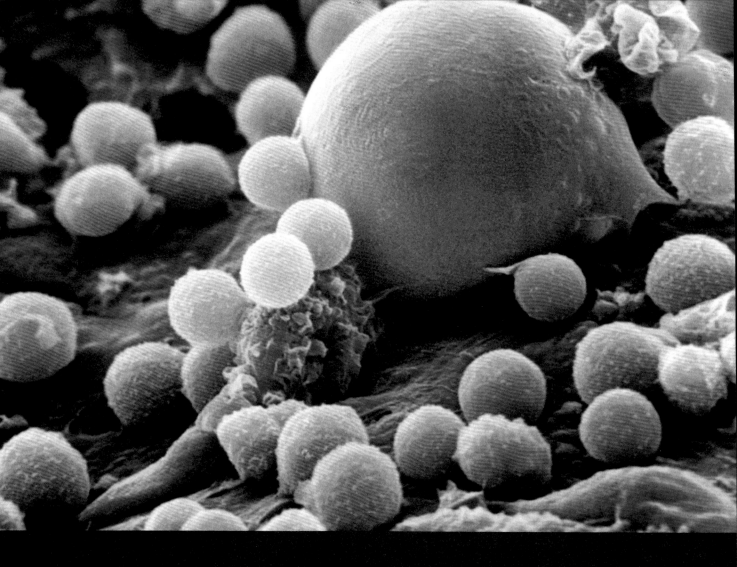

前页图：空的脂肪细胞（彩色扫描电子显微镜图像）

脂肪细胞是人体最大的细胞之一。它们在皮肤下面形成一层厚厚的绝缘层，能够储存能量并对人体起到缓冲的作用。图中细胞内的主要成分——脂质，已经被去除了，剩下的是蜂窝状的细胞膜。当我们体重增加时，细胞的体积随着脂质的增加而增加，同时细胞的数目也会增长。（放大倍数：350倍，原图尺寸为 6cm×7cm）

上图：脂肪细胞（彩色扫描电子显微镜图像）

脂肪细胞能够储存能量作为脂肪的绝缘层，一个大的脂肪滴占据了它的绝大部分体积。图中来自骨髓组织的脂肪细胞（蓝色）被两种白细胞包围着：粒细胞（紫色、圆形）和巨噬细胞（绿色、有褶皱）。它们都是吞噬细胞——通过吞噬异物并将其分解成无害的废物来抵抗感染。（放大倍数：未知）

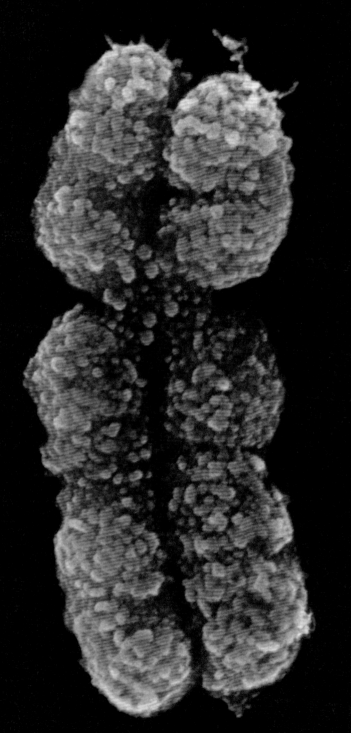

X 和 Y 染色体（彩色扫描电子显微镜图像）

人类有 46 条染色体：23 条来自母亲，23 条来自父亲。它们是成对的，每一对都含有特定的遗传信息 —— 例如，第 11 号染色体与我们的嗅觉有关，也与自闭症和我们对乳腺癌的抵抗力有关。第 23 号性染色体，决定了我们的性别。男性和女性的染色体组成各不相同，男性为一条 X 染色体（粉色）和一条 Y 染色体（蓝色），而女性则是两条 X 染色体。（放大倍数：未知）

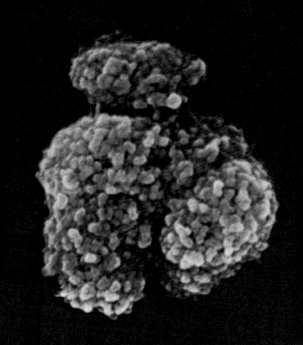

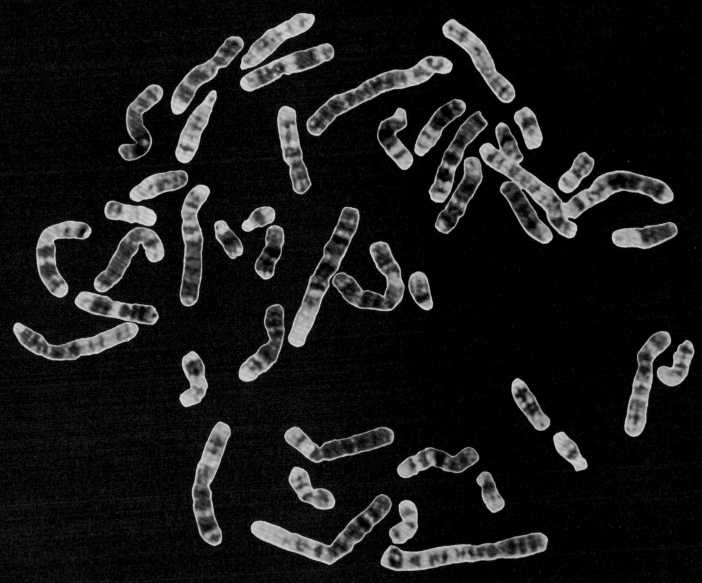

男性的染色体（彩光显微镜图像）

男性有 46 条染色体，每条染色体有两条臂，通过染色可以观察到，染色体臂上有不同的条纹，它们代表不同的基因。图中染色体是不成对的，我们可以通过分割图像，并根据长度、形状和条带图案来给染色体配对。这种配对称为"核型"，医生借此来寻找特定的遗传信息并识别缺失或异常的染色体。（放大倍数：2400 倍，原图尺寸为 6cm×7cm）

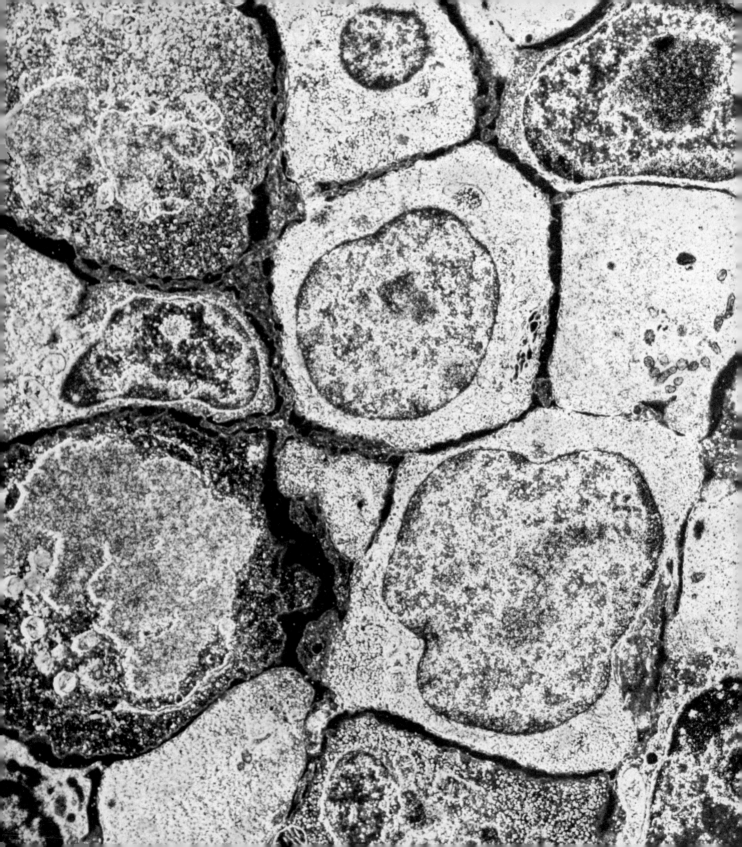

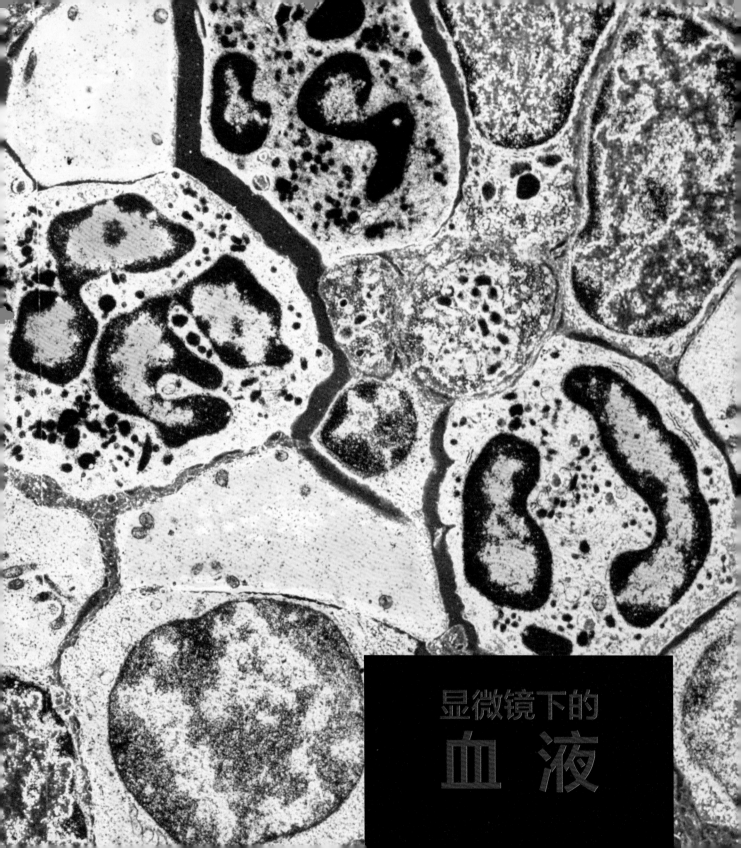

显微镜下的
血液

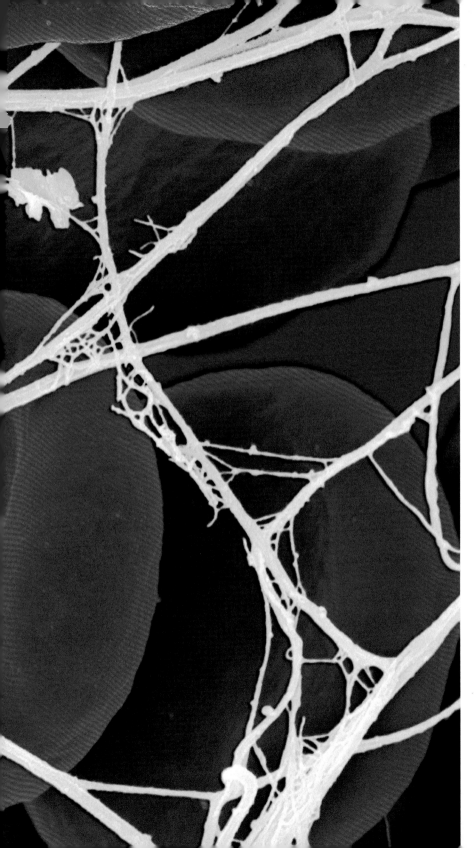

篇章页图：骨髓（彩色透射电子显微镜图像）

血细胞的寿命很短：红细胞大约只能存活 120 天，有的白细胞只能存活短短 3 天。因此，机体需要通过造血不断进行血细胞的自我更新。血细胞由多功能干细胞在骨髓中分化产生。这些干细胞缓慢分裂，最终分化成：红细胞、白细胞（包括淋巴细胞、粒细胞和单核细胞）和血小板。这张图片展示了血细胞的不同分化过程。（放大倍数：2300 倍，原图尺寸为 5cm×7cm）

左图：血栓中的红细胞（彩色扫描电子显微镜图像）

除了红细胞和白细胞，我们的血液中还有一种重要的细胞叫作血小板。一旦机体受伤出血，血小板能够迅速感知并释放一种纤维蛋白，其纤维蛋白丝纵横交错地排列起来，迅速交织成网，拦捕试图逃脱的红细胞并在伤口失血处形成一道有效的保护屏障。（放大倍数：7000 倍，原图尺寸为 10cm×12cm）

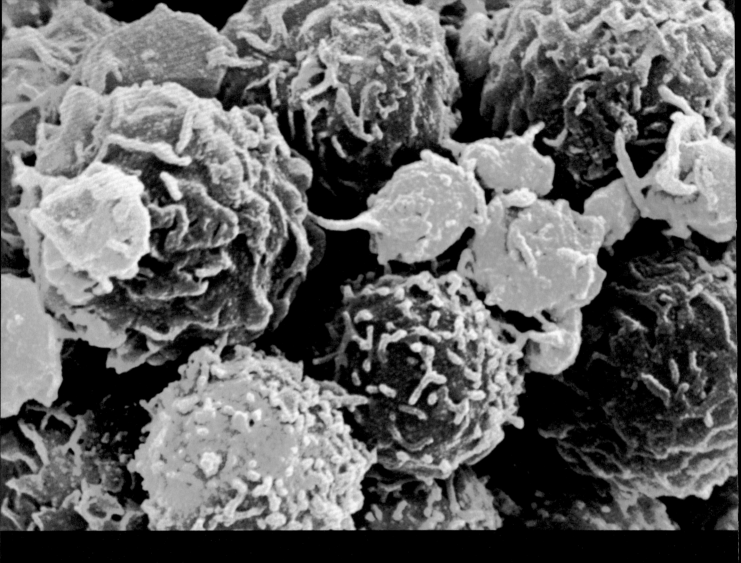

白细胞和血小板（彩色扫描电子显微镜图像）

　　图中细胞里个头较大、颜色较深的是白细胞，较小、较浅的是血小板，这些保护性细胞占血液的1%。而红细胞占血液的45%，血液的其余成分则全部是血浆。血小板有助于凝血，失活时呈圆形或椭圆形；被激活时，它们会产生如图中一样的卷须，甚至可以变成星形。（放大倍数：未知）

淋巴细胞（彩色扫描电子显微镜图像）

　　白细胞有很多种，其中淋巴细胞是最常见的白细胞。淋巴细胞的表面有微小的卷须，这些卷须可以有效增加细胞的表面积，从而增强其功能。人体内主要有两种淋巴细胞。一种是 B 细胞，在骨髓内成熟，它们能够识别血液中的细菌微生物，然后产生抗体。另一种是 T 细胞，它们在发育过程中会迁移到胸腺内，并在此成熟，它能够追踪和协助消灭血液中的病原体。（放大倍数：未知）

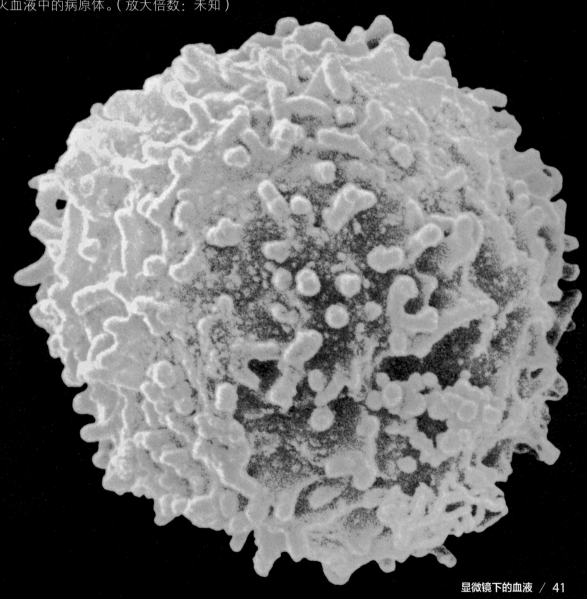

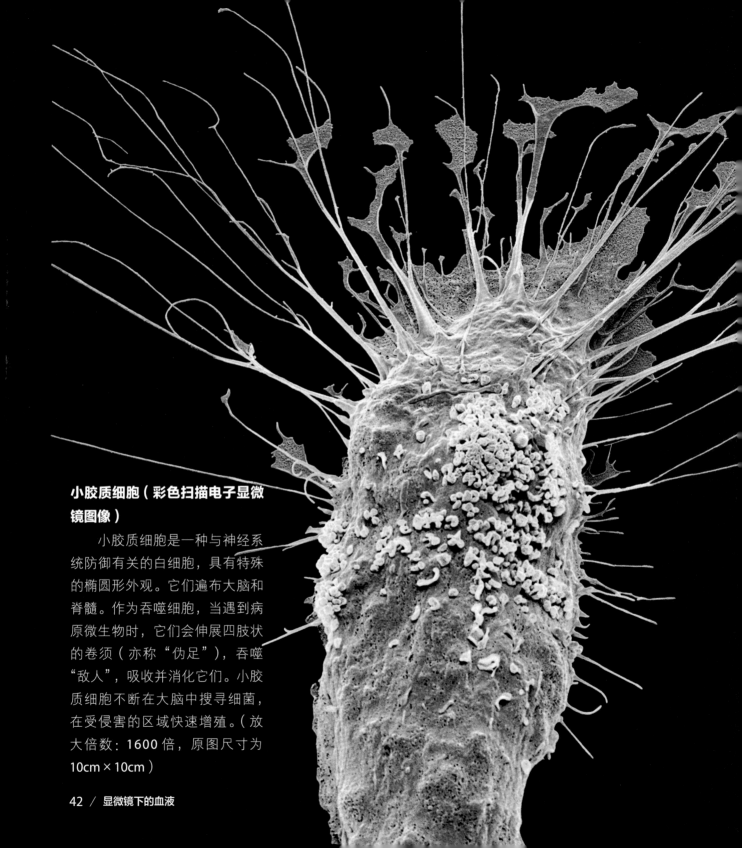

小胶质细胞（彩色扫描电子显微镜图像）

小胶质细胞是一种与神经系统防御有关的白细胞，具有特殊的椭圆形外观。它们遍布大脑和脊髓。作为吞噬细胞，当遇到病原微生物时，它们会伸展四肢状的卷须（亦称"伪足"），吞噬"敌人"，吸收并消化它们。小胶质细胞不断在大脑中搜寻细菌，在受侵害的区域快速增殖。（放大倍数：1600 倍，原图尺寸为 10cm × 10cm）

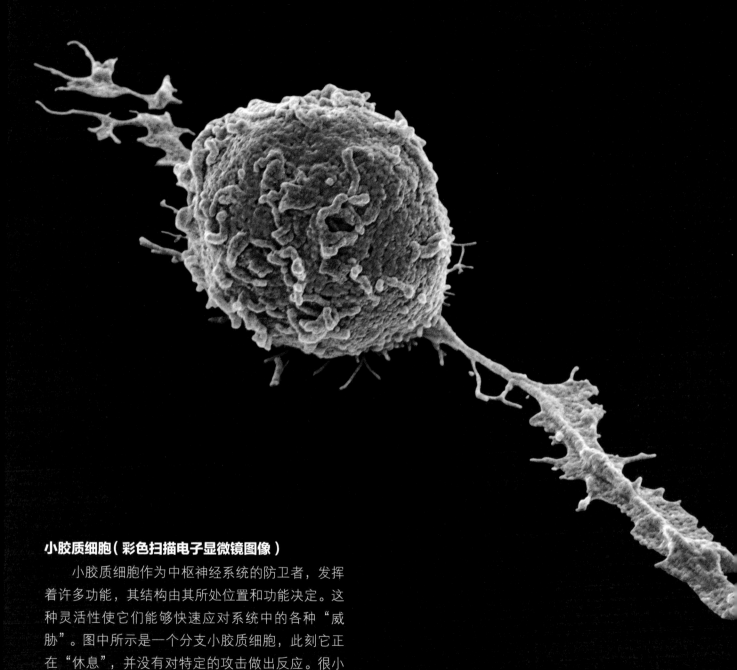

小胶质细胞（彩色扫描电子显微镜图像）

　　小胶质细胞作为中枢神经系统的防卫者，发挥着许多功能，其结构由其所处位置和功能决定。这种灵活性使它们能够快速应对系统中的各种"威胁"。图中所示是一个分支小胶质细胞，此刻它正在"休息"，并没有对特定的攻击做出反应。很小的细胞主体几乎一动不动，但其延伸出的敏感的卷须能够不断移动，寻找潜在威胁。（放大倍数：6600倍，原图尺寸为 10cm × 10cm）

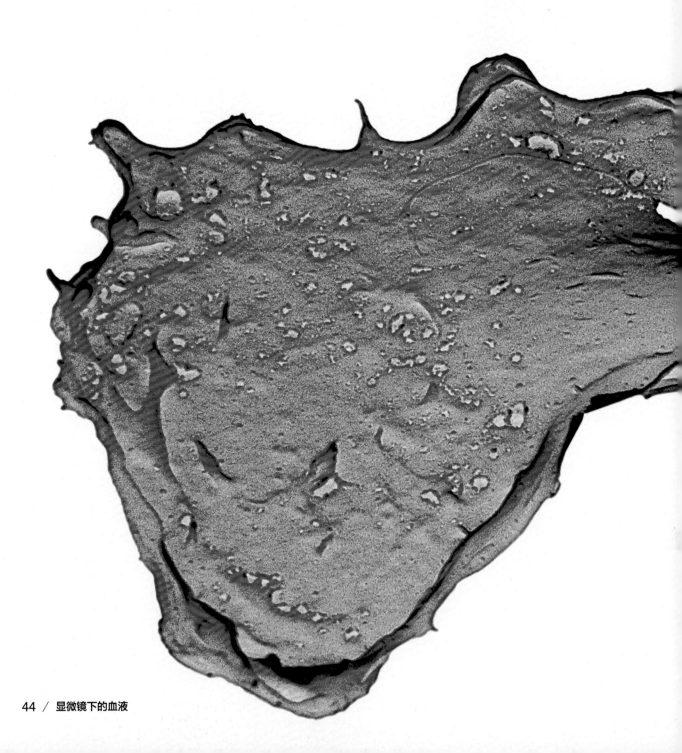

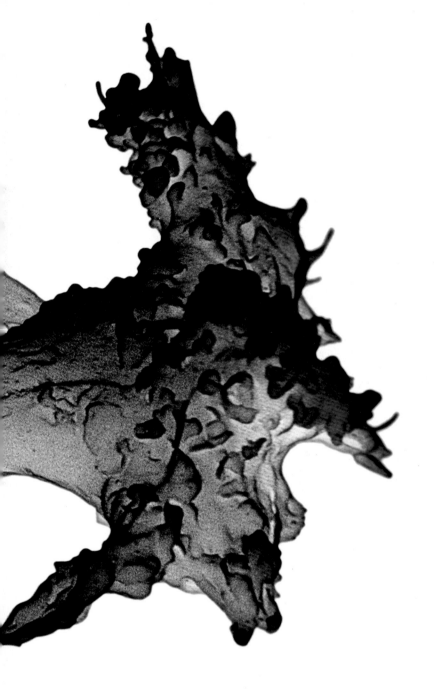

具有延伸的伪足的巨噬细胞（彩色扫描电子显微镜图像）

巨噬细胞（红色）通常是圆形或椭圆形的。它负责在血液中寻找"污染源"——病原体、死细胞或其他细胞碎片。巨噬细胞会生成粗糙的肢体，即伪足（紫色），延展并吞噬污染源，最后中和或消灭它们。（放大倍数：未知）

淋巴母细胞（彩色扫描电子显微镜图像）

当体细胞被病原体感染时，它会产生一种抗原，即对感染的标识。淋巴细胞就是一种能够识别抗原并消除这些感染的白细胞。一旦识别了抗原，淋巴细胞就会变成淋巴母细胞，开始增殖分裂复制自身。这些复制出的细胞能够分化成效应细胞（产生抗体）、杀伤T细胞（直接攻击病原体）或辅助T细胞（召唤效应物和杀伤剂）。（放大倍数：2992 倍，原图尺寸为 10cm×10cm）

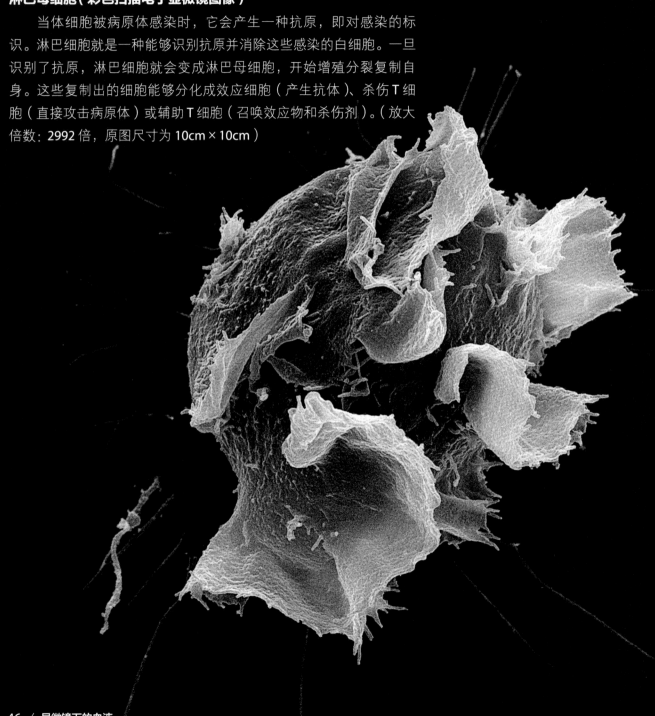

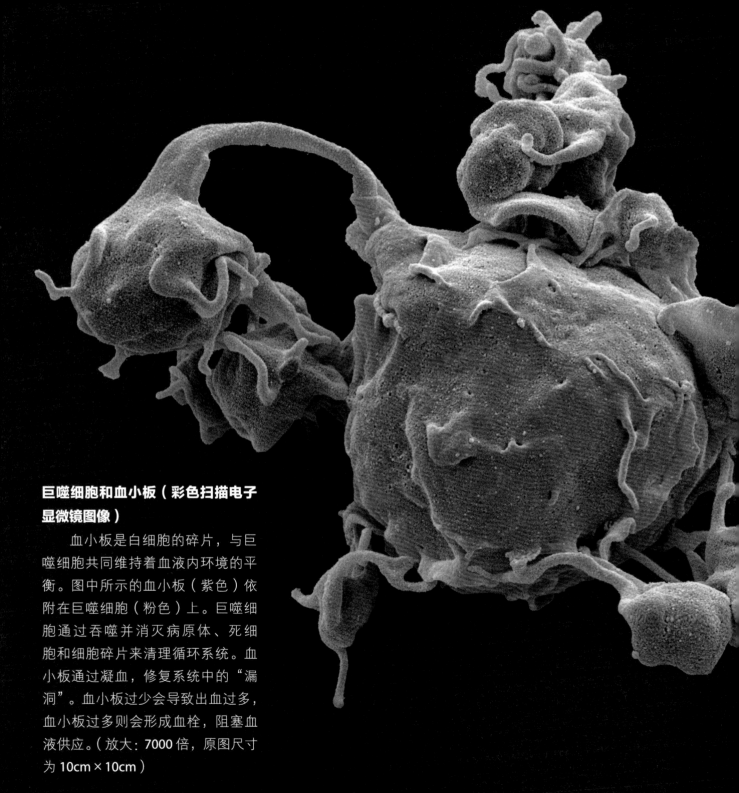

巨噬细胞和血小板（彩色扫描电子显微镜图像）

血小板是白细胞的碎片，与巨噬细胞共同维持着血液内环境的平衡。图中所示的血小板（紫色）依附在巨噬细胞（粉色）上。巨噬细胞通过吞噬并消灭病原体、死细胞和细胞碎片来清理循环系统。血小板通过凝血，修复系统中的"漏洞"。血小板过少会导致出血过多，血小板过多则会形成血栓，阻塞血液供应。（放大：7000 倍，原图尺寸为 10cm×10cm）

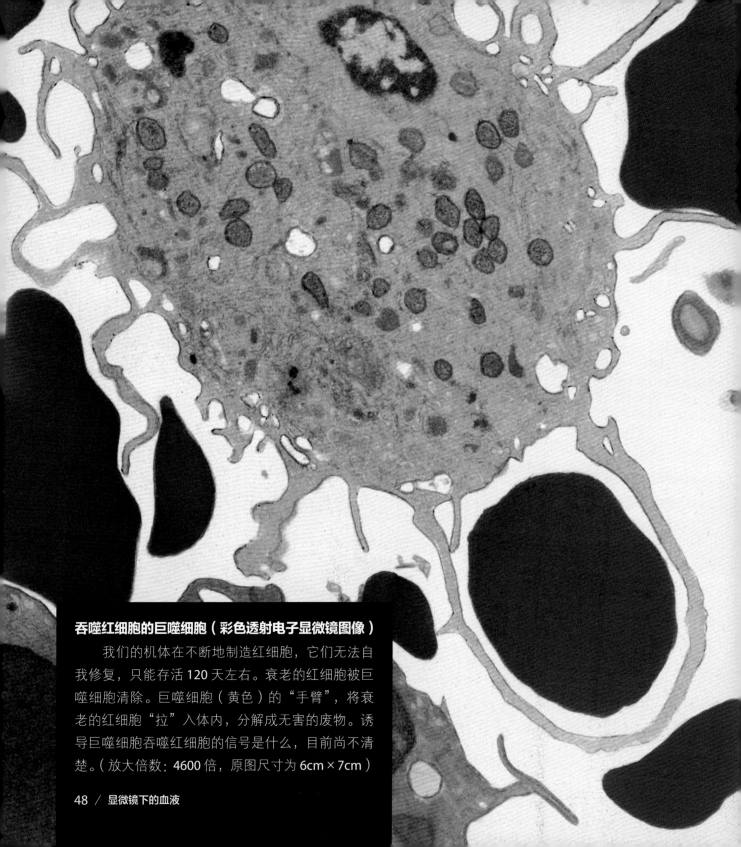

吞噬红细胞的巨噬细胞（彩色透射电子显微镜图像）

　　我们的机体在不断地制造红细胞，它们无法自我修复，只能存活 120 天左右。衰老的红细胞被巨噬细胞清除。巨噬细胞（黄色）的"手臂"，将衰老的红细胞"拉"入体内，分解成无害的废物。诱导巨噬细胞吞噬红细胞的信号是什么，目前尚不清楚。（放大倍数：4600 倍，原图尺寸为 6cm×7cm）

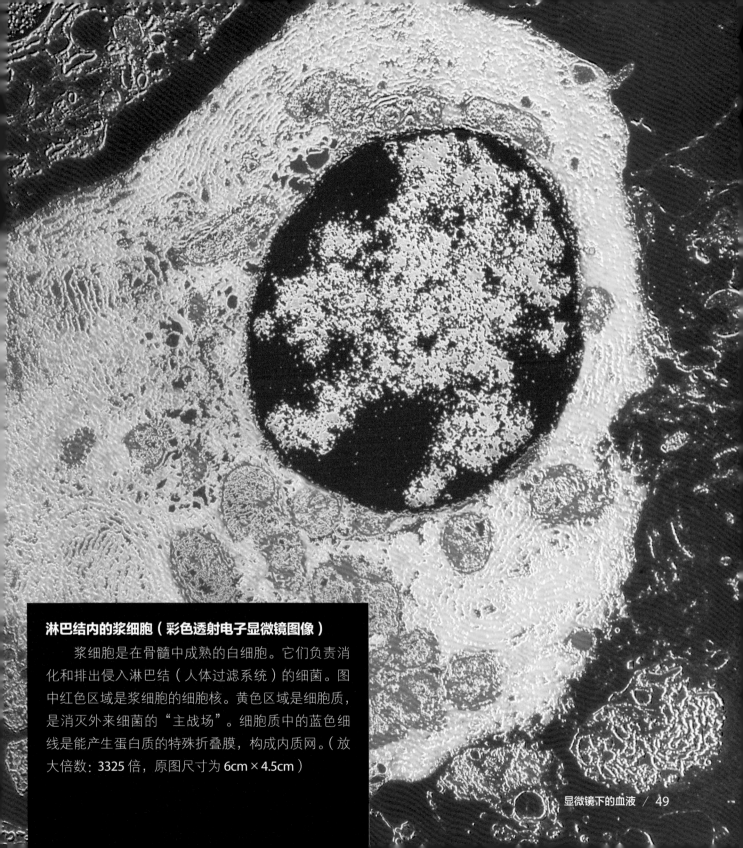

淋巴结内的浆细胞（彩色透射电子显微镜图像）

　　浆细胞是在骨髓中成熟的白细胞。它们负责消化和排出侵入淋巴结（人体过滤系统）的细菌。图中红色区域是浆细胞的细胞核。黄色区域是细胞质，是消灭外来细菌的"主战场"。细胞质中的蓝色细线是能产生蛋白质的特殊折叠膜，构成内质网。（放大倍数：3325 倍，原图尺寸为 6cm×4.5cm）

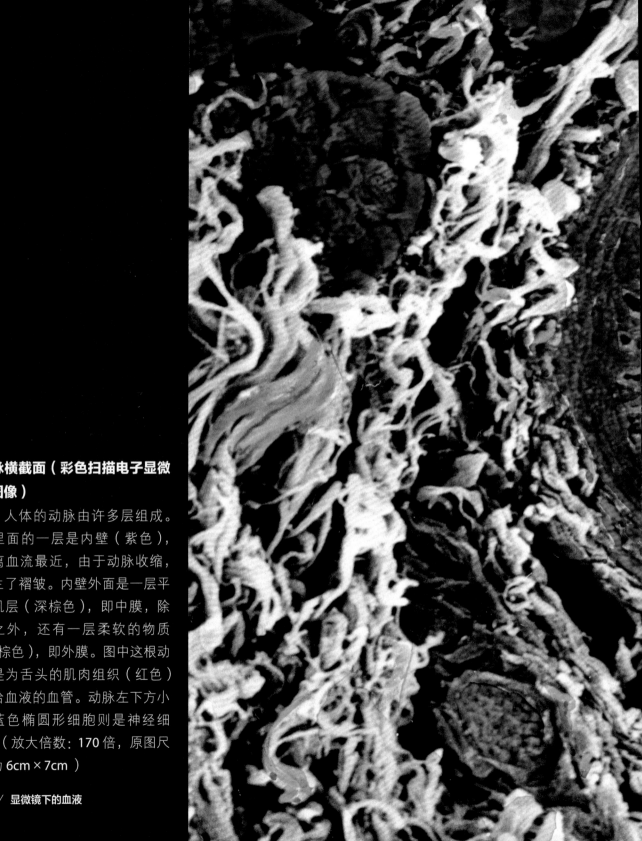

动脉横截面（彩色扫描电子显微镜图像）

　　人体的动脉由许多层组成。最里面的一层是内壁（紫色），它离血流最近，由于动脉收缩，产生了褶皱。内壁外面是一层平滑肌层（深棕色），即中膜，除此之外，还有一层柔软的物质（浅棕色），即外膜。图中这根动脉是为舌头的肌肉组织（红色）供给血液的血管。动脉左下方小的蓝色椭圆形细胞则是神经细胞。（放大倍数：170 倍，原图尺寸为 6cm×7cm）

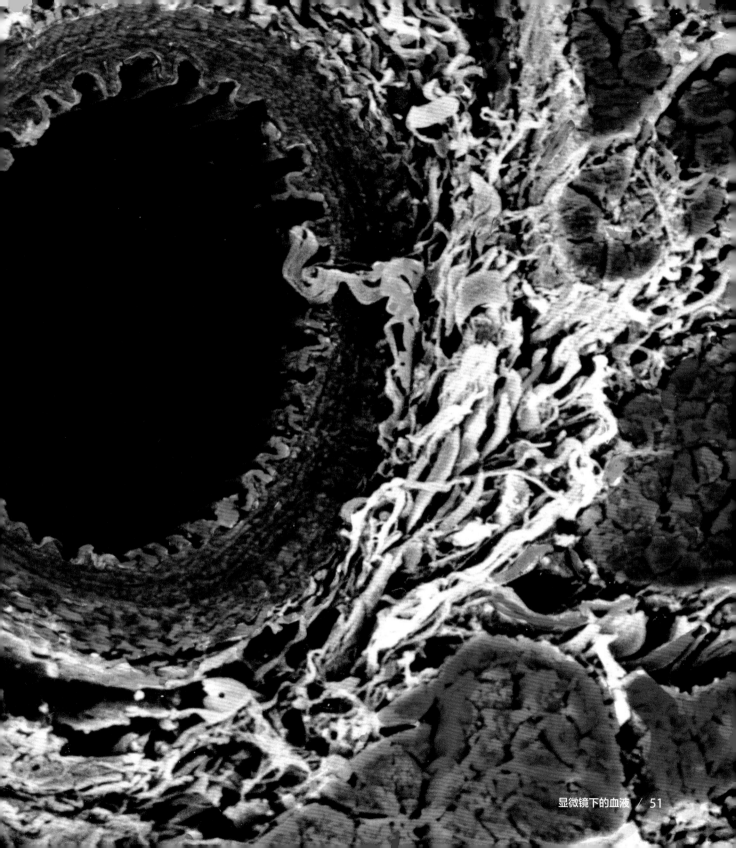

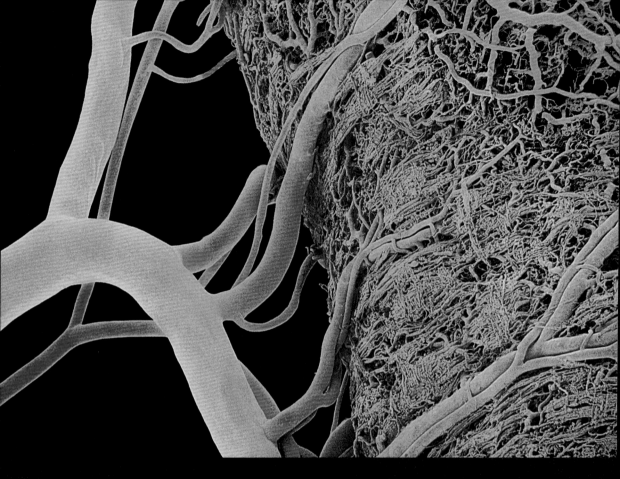

上图：十二指肠血管（彩色扫描电子显微镜图像）

  图中所示是由细血管组成的分支网络，它能够穿过十二指肠的组织。食物从胃进入小肠，十二指肠就是小肠的第一段。所有的巢状血管，例如毛细血管等，都有着具有一定渗透性的血管壁，使气体和营养物质通过它从血液中进入周围的组织。向血管注射树脂，然后制成这张图像。一旦树脂硬化，周围的组织通过化学方法被去除，树脂铸模就能够完整显示出血管网的真面目。（放大倍数：32倍，

后页图：小肠血管（彩色扫描电子显微镜图像）

  这个血管网的树脂铸模展示了向小肠高密度供血的情形。小肠是消化系统的一部分，能够吸收食物中的营养物质。它由十二指肠、空肠和回肠三个部分组成，废物从这里进入大肠。人类小肠的平均长度约为7米——女性的小肠比男性的略长。（放大倍数：30倍，原图尺寸为6cm×7cm）

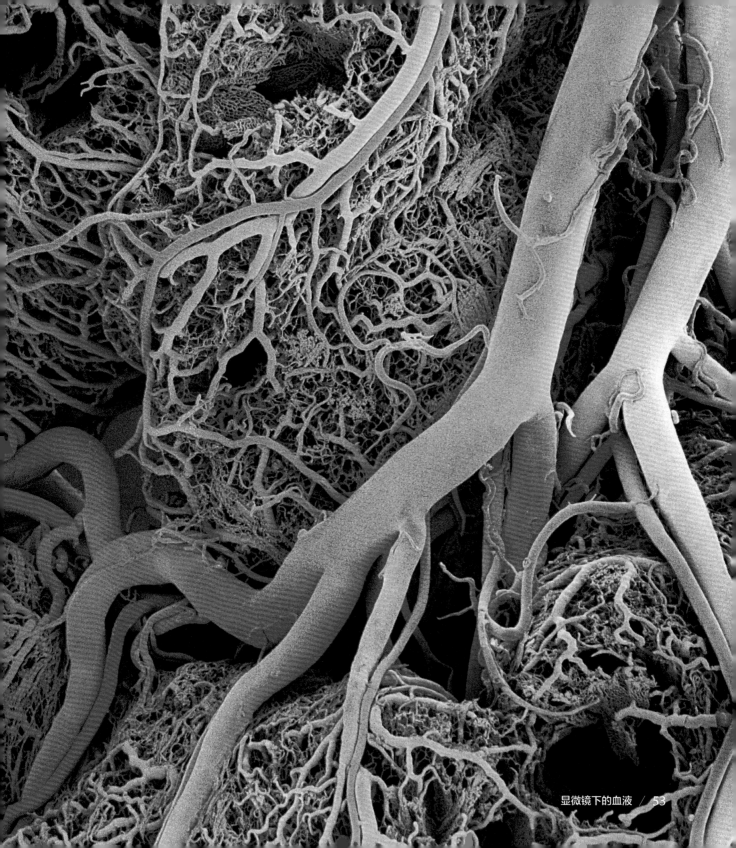

肺血管（彩色扫描电子显微镜图像）

　　肺吸入氧气并将其输送至身体其他部位，以及呼出由细胞呼吸作用形成的二氧化碳。而这两种气体正是通过血液循环，在图中树脂铸模所示的肺血管中被运载的。在肺中，肺动脉将脱氧的血液输送到"安全气囊"——肺泡。肺泡上覆盖着非常细小的毛细血管，毛细血管壁具有通透性，可以进行气体交换。然后肺静脉将"恢复活力"的血液送回机体，进入循环。（放大倍数：10倍，原图尺寸为 6cm×7cm）

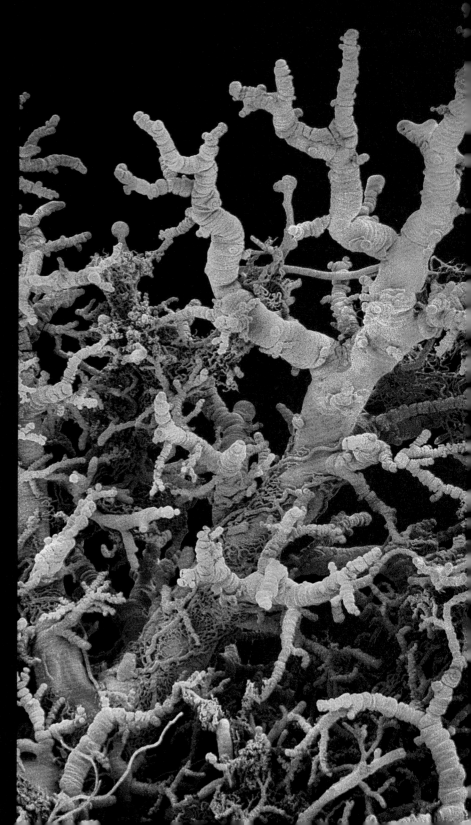

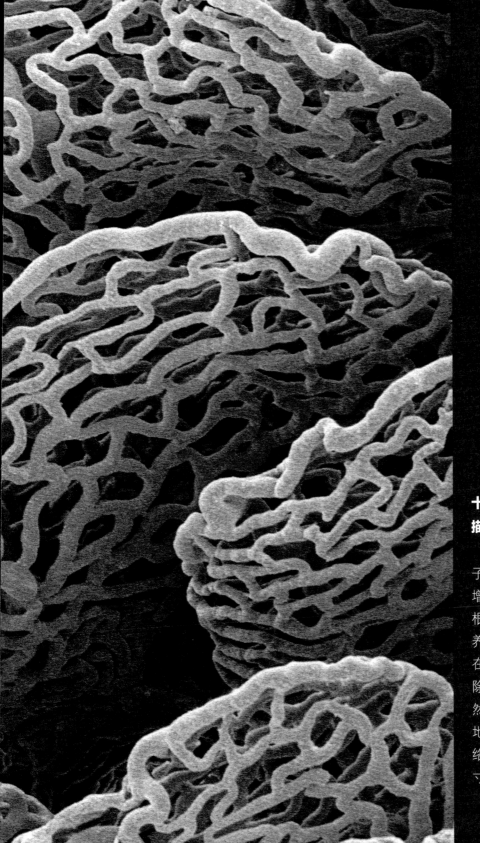

十二指肠绒毛中的血管（彩色扫描电子显微镜图像）

肠绒毛位于肠内壁上，在电子显微镜下呈指状的突起，用来增加表面积以吸收营养物质。每根绒毛都富含血管，用以吸收营养物质。将树脂注入肠血管，并在树脂凝固后用化学方法溶解去除周围的组织，留下树脂铸模，然后得到此图像，这样就能清楚地显示这一盘根错节的血管网络。（放大倍数：285倍，原图尺寸为 10cm × 10cm）

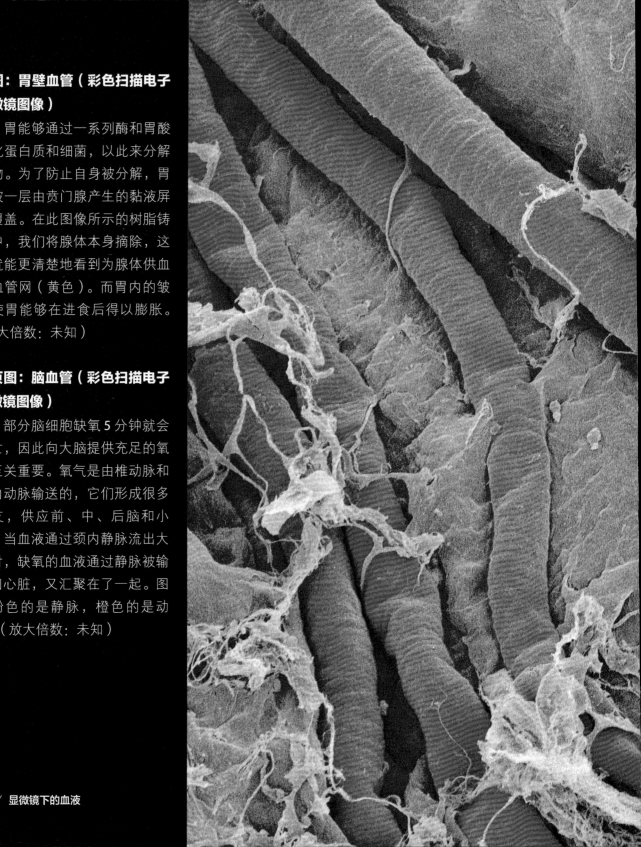

右图：胃壁血管（彩色扫描电子显微镜图像）

胃能够通过一系列酶和胃酸消化蛋白质和细菌，以此来分解食物。为了防止自身被分解，胃壁被一层由贲门腺产生的黏液屏障覆盖。在此图像所示的树脂铸模中，我们将腺体本身摘除，这样就能更清楚地看到为腺体供血的血管网（黄色）。而胃内的皱褶使胃能够在进食后得以膨胀。（放大倍数：未知）

后页图：脑血管（彩色扫描电子显微镜图像）

部分脑细胞缺氧 5 分钟就会死亡，因此向大脑提供充足的氧气至关重要。氧气是由椎动脉和颈内动脉输送的，它们形成很多分支，供应前、中、后脑和小脑。当血液通过颈内静脉流出大脑时，缺氧的血液通过静脉被输送回心脏，又汇聚在了一起。图中粉色的是静脉，橙色的是动脉。（放大倍数：未知）

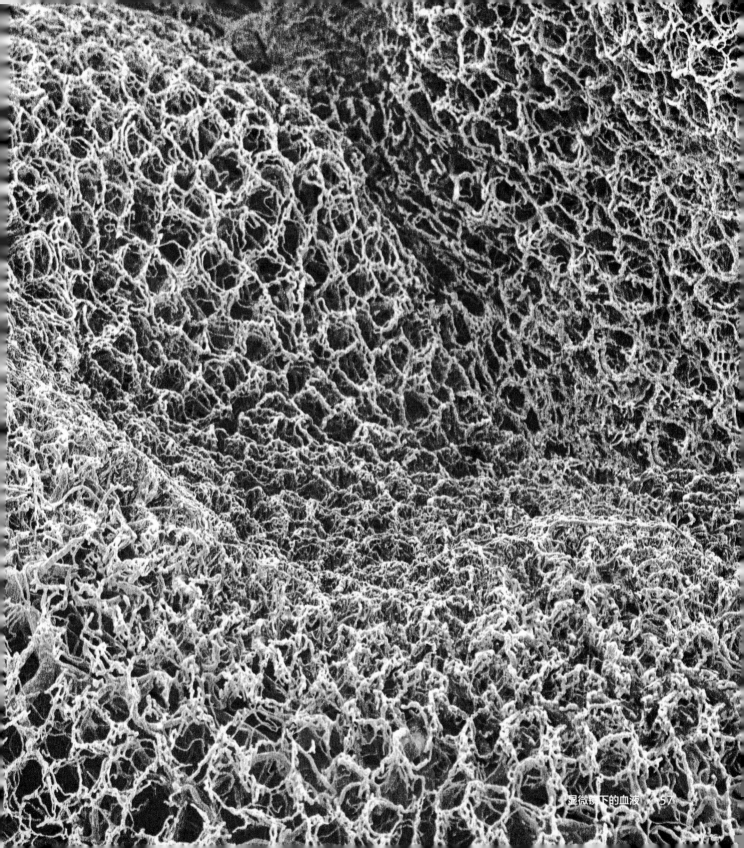

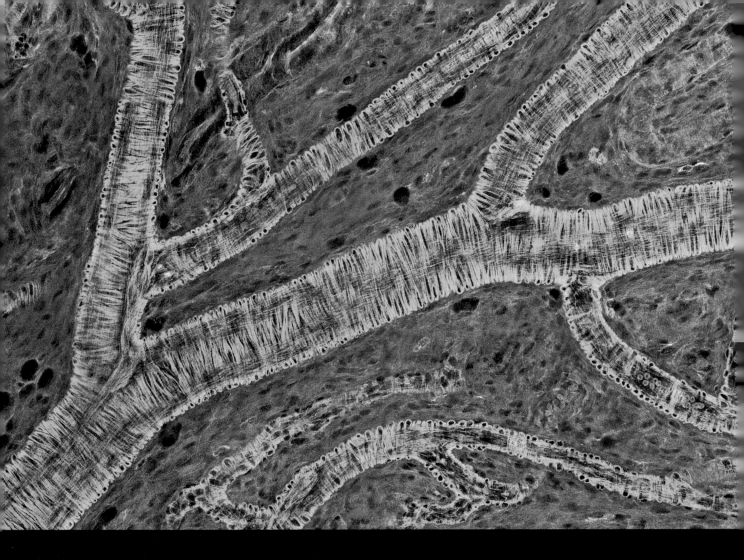

上图：视网膜血管（荧光显微镜图像）

　　视网膜是眼球后部的感光膜。为视网膜供血的血管被包裹在肌肉中，肌肉通过收缩和放松来控制血流。该图像用绿色的荧光染料来显示肌动蛋白，它在肌肉收缩中起了重要的作用。在血液供应的某些分支中，你可以清楚地看到红细胞的流动方向。（放大倍数：200 倍，原图尺寸为 10cm × 10cm）

后页图：血脑屏障（共聚焦光学显微镜图像）

　　如图所示，神经细胞（红色）在脑血管（黑色通道）内壁比在身体其他部位分布得更密集。血管周围是胶质细胞（绿色），它为神经元（神经细胞）提供结构支持和营养，帮助维持血液和大脑之间的屏障。这些强化防御保护大脑免受有害分子和微生物的潜在影响，但同时这层屏障有时候也会阻挡药物顺利地进入大脑。（放大倍数：未知）

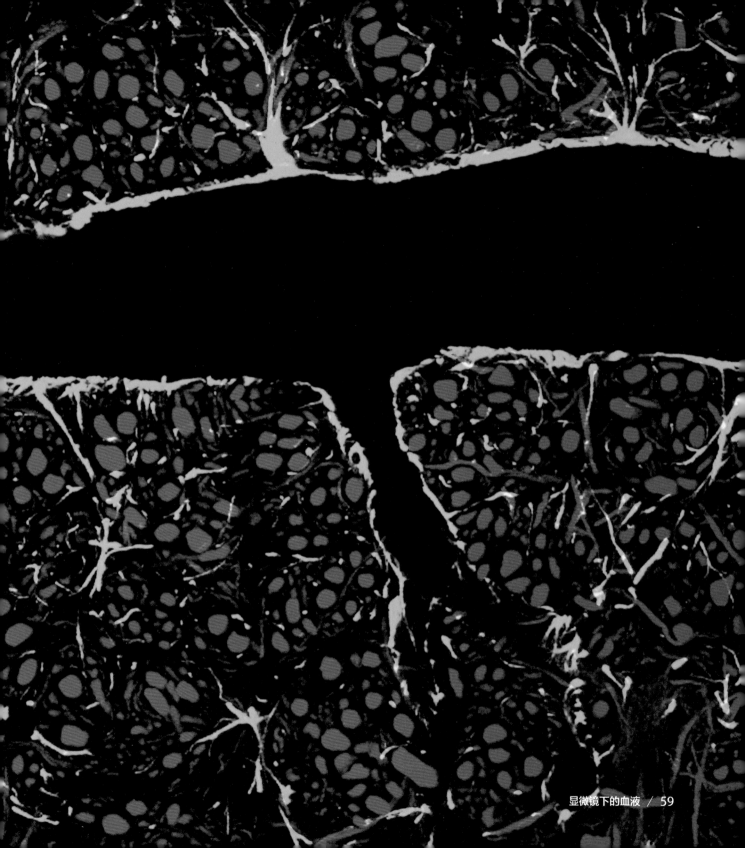

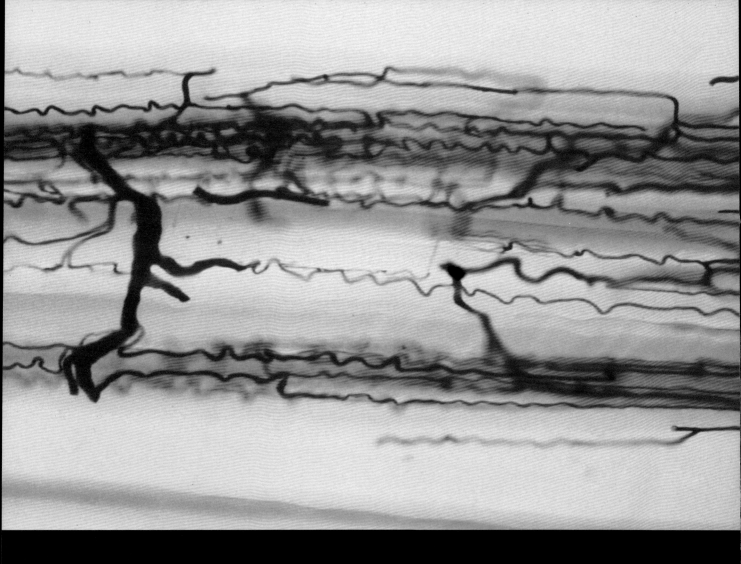

上图：骨骼肌毛细血管供血（光学显微镜图像）

毛细血管是一种非常细的血管，氧气和营养物质从血液穿过毛细血管的薄壁进入组织。骨骼肌，顾名思义，能够根据我们的指令使骨骼产生运动。（相比之下，器官周围的平滑肌则不需要这些有意识的指令）。图中肌纤维（淡粉色）被分开，露出

后页图：血凝块（彩色扫描电子显微镜图像）

红细胞被一层薄薄的黄白色纤维蛋白缠绕。纤维蛋白是一种不溶蛋白，在血小板的作用下由一种可溶蛋白——纤维蛋白原转化而成。这些血凝块可能出现在皮肤表面伤口处或血管内部。而后者还有一个更加熟悉但恐怖的名字——血栓，它们

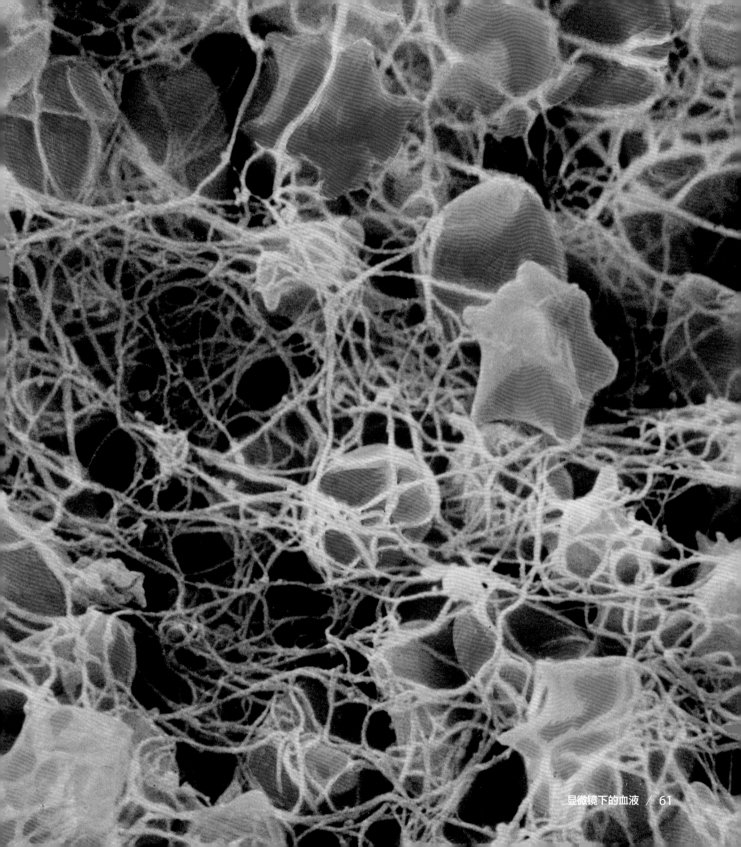

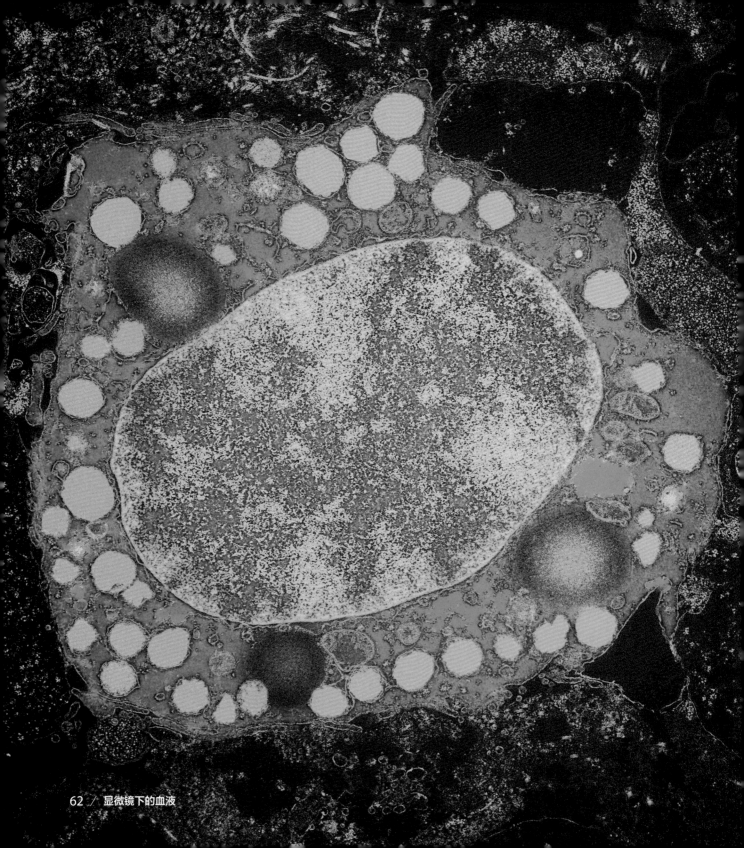

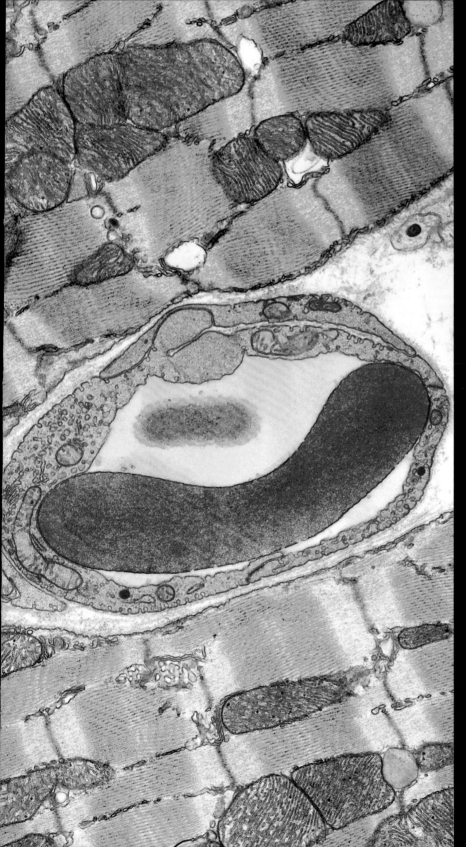

前页图：肥大细胞（彩色透射电子显微镜图像）

肥大细胞是一种白细胞，在免疫系统中对炎症产生反应。细胞核（浅绿色）为卵形，位于细胞中央，被细胞质（深绿色）中的颗粒（粉色）包围。这些颗粒含有血清素、肝素（一种抗凝剂）和组胺。组胺能够增加血管壁的通透性，使具有愈合功能的白细胞得以通过。当机体产生炎症或过敏反应时，肥大细胞会释放这些颗粒。（放大倍数：8750倍，原图尺寸为 6cm×7cm）

左图：心肌（彩色透射电子显微镜图像）

与骨骼肌不同，心肌（绿色）的收缩并不需要我们的主观意识去操控。心肌细胞能 24 小时不间断地泵出新鲜血液流向机体各处，似乎永不疲倦。这是因为它强大的线粒体（紫色）能够为肌肉细胞提供能量。肌纤维被一层薄壁（深绿色）分割成一个个收缩单位——肌节。图中央是毛细血管（橙色）的横截面，我们可以看到一个红色细胞正在穿过它。（放大：3600 倍，原图尺寸为 10cm×10cm）

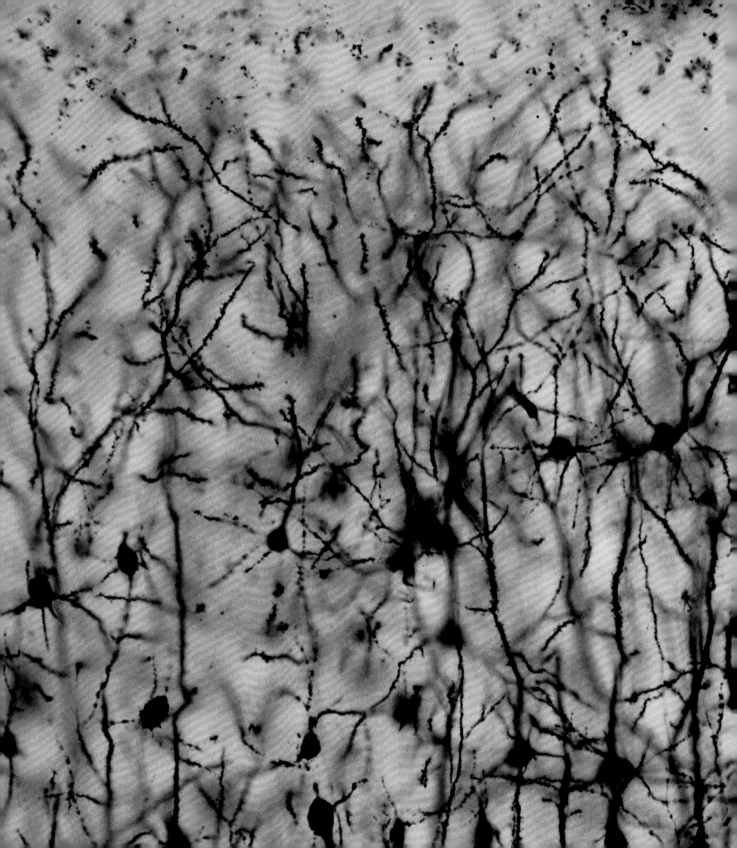

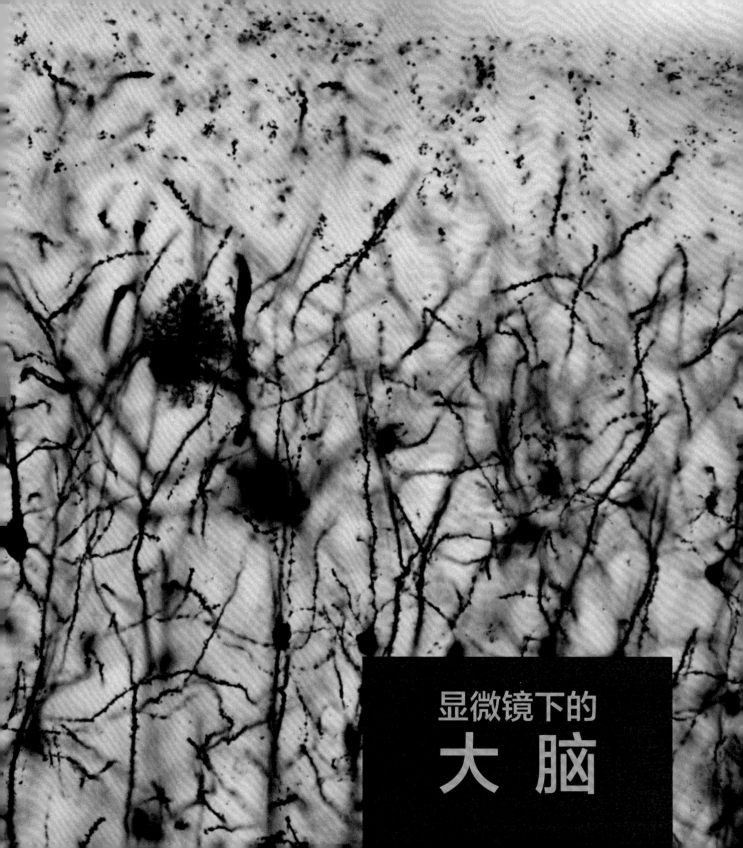

显微镜下的
大 脑

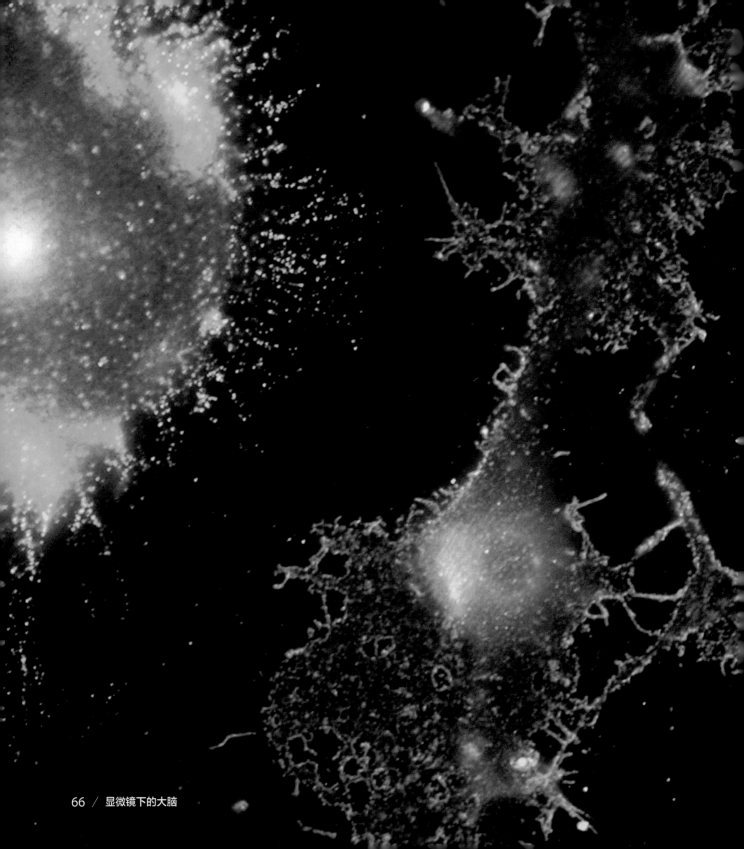

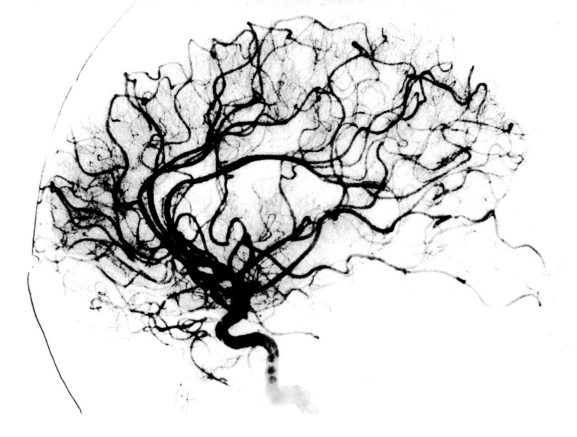

篇章页图：大脑皮层的神经元（光学显微镜图像）

神经元（神经细胞）可以接收、分析和传递我们机体周围的各类信息。图中这些神经元位于大脑皮层的外层灰质中，负责认知、记忆和语言。每个神经元的树突接收来自其他神经元的电脉冲，并将其传递给细胞体。每个神经元都有一个叫作轴突的延伸，并通过它将电脉冲传递到其他神经元的树突。（放大倍数：未知）

前页图：培养基里的脑细胞（荧光显微镜图像）

这张图像显示了人脑两个重要的支持细胞（神经胶质细胞）。图中呈飞溅状的绿色部分是一种小胶质细胞，能够对中枢神经系统的免疫活动做出反应。小胶质细胞能识别损伤和炎症区域并吞噬细胞碎片。图中大面积的橙色部分是少突胶质细胞。少突胶质细胞参差不齐的延伸可以为许多神经元提供髓磷脂。它是一种绝缘材料，可以使每个神经元的轴突有效地传递电脉冲。（放大倍数：未知）

上图：大脑的血液供应（脑血管造影）

通过向颈内动脉注射示踪剂，能够得到这幅健康大脑的左视图。颈内动脉为大脑供应重要的含氧血液。不同部位的动脉供给大脑不同的区域。我们可以清楚地看到，图中动脉进入脑血管主干呈水平方向，并且很粗、颜色很深，这是下外侧躯干从中发出一些小动脉为我们的下颚、嘴和鼻子供血。（放大倍数：未知）

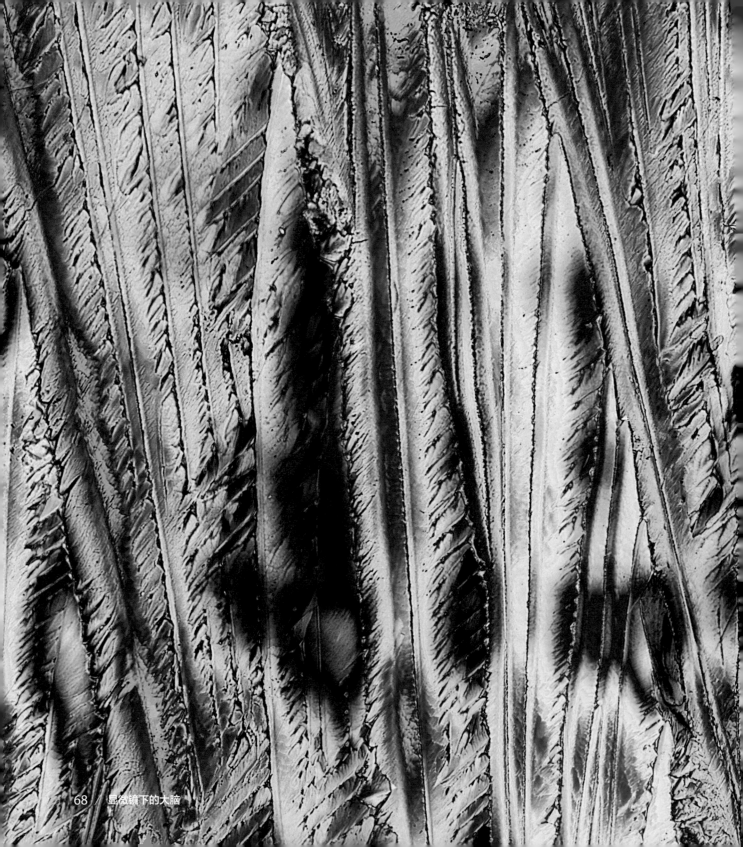

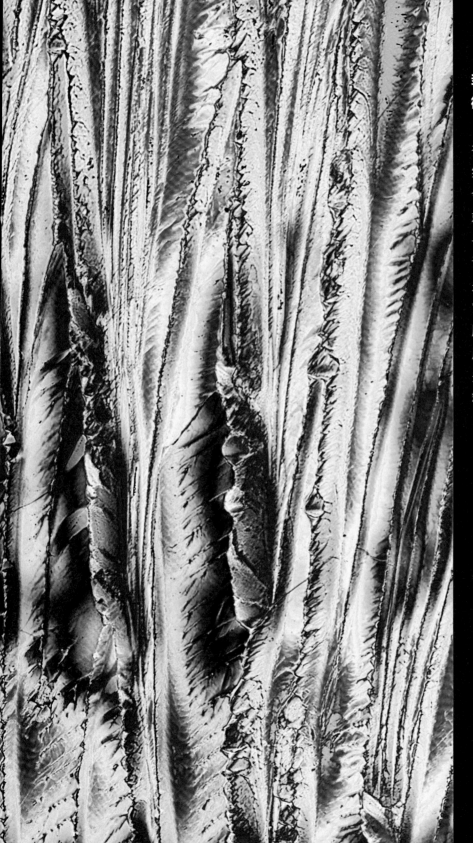

多巴胺（神经递质）（偏振光显微镜图像）

多巴胺是一种化学物质，由神经元释放后可作用于邻近的神经元或肌肉细胞。当机体获得了令人愉快的感受刺激时，神经元就会释放多巴胺，并引导大脑去寻找更多这样的刺激。因此，无论是在药物成瘾（如可卡因）还是社会行为成瘾（如赌博）中，它都起着关键作用。当然，多巴胺对维持身体健康也有着重要作用。很多疾病与多巴胺的缺乏有关，如帕金森综合征、抑郁症和精神分裂症。（放大倍数：未知）

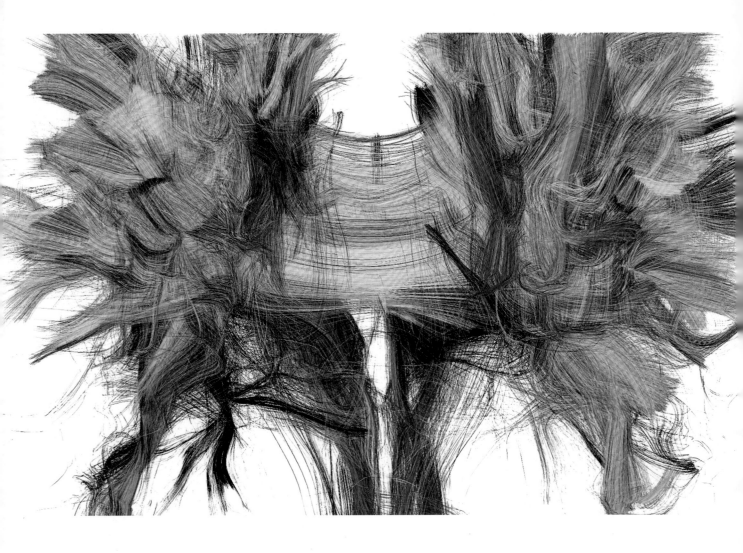

上图：胼胝体（核磁共振扫描图像）

一种叫作冠状三维扩散张量成像的技术能够测量水扩散的方向，应用在大脑中则可以显示大脑神经纤维的方向。这项技术也被称为纤维束成像术。由此形成的图像，被称为束线图。图中这些生动的"笔触"，实际上是大脑胼胝体内部和周围的神经通路（蓝色）。图像中央的胼胝体是连接大脑左右半球的神经纤维束。（放大倍数：未知）

后页图：白质纤维（扩散光谱核磁共振扫描图像）

大脑皮层的外层是由神经元构成的灰质，内层则是由轴突构成的白质。轴突是神经元的一种突起，它们在各个脑区之间、大脑和脊髓之间传递神经信号。这张图像是白质神经纤维束的扫描图，它是由扩散光谱成像技术完成的，该技术通过磁场显示了纤维中包含的水分子，从而绘制出它们相互交错的图案。（放大倍数：未知）

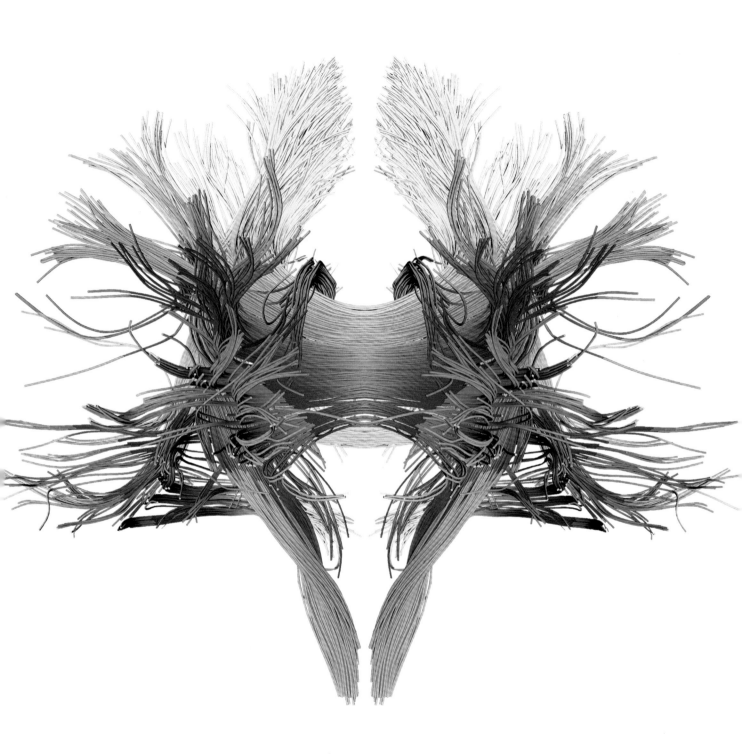

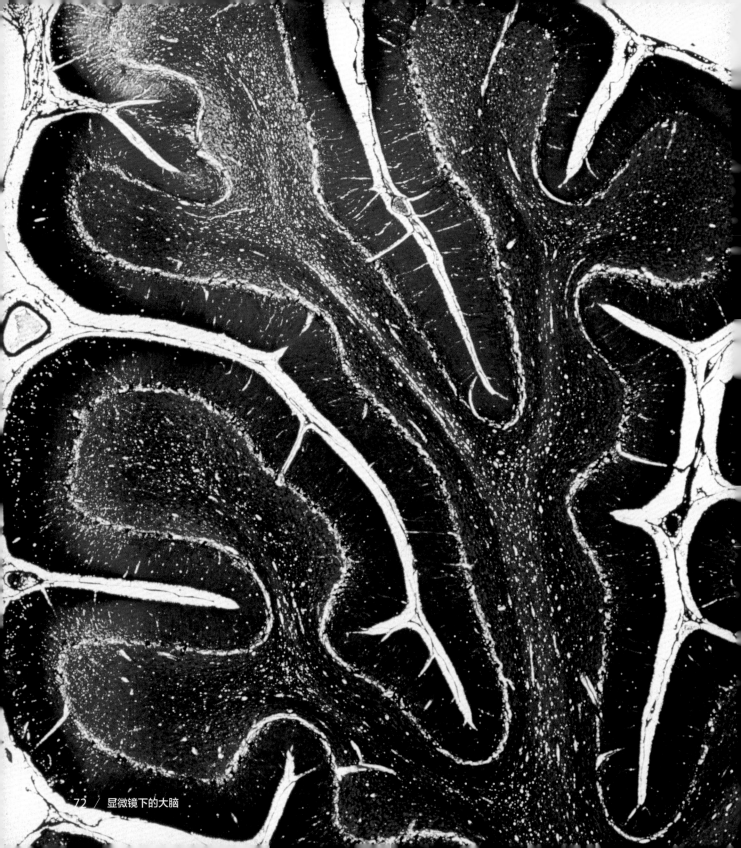

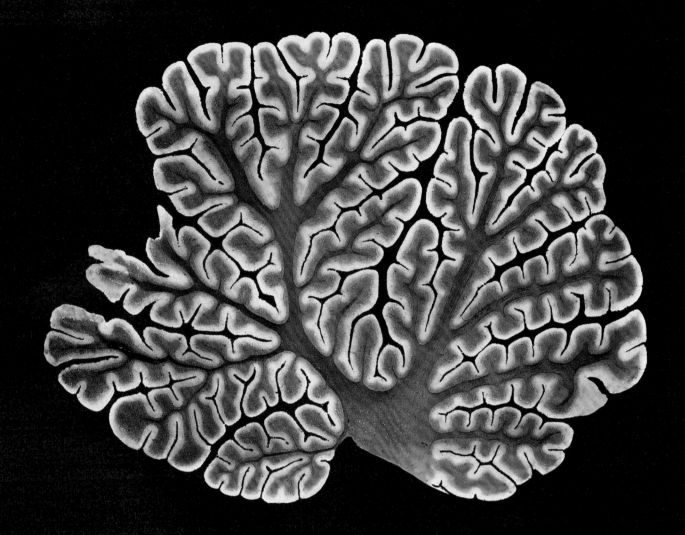

前页图：小脑切片（光学显微镜图像）

　　小脑负责控制人体的动作、姿势和平衡状态，它位于大脑后下方，是一个大的、高度折叠的结构。在这张显微图像中，每个褶皱外层的细胞染色很深。与众不同的神经元——浦肯野细胞位于内外两层之间的薄的白色带中。它们负责协调运动，容易受到酒精和锂等毒素的损害。密集的神经纤维构成了每个褶皱的中心。（放大倍数：30 倍，原图尺寸为 6cm×7cm）

上图：小脑（彩光显微镜图像）

　　小脑位于大脑后下方，负责控制动作。在集中注意力和语言能力方面发挥重要作用。尽管体积只占大脑的 10%，小脑拥有的神经元却约为大脑的70%。外部分子层中的每个神经元（黄色）通过轴突与其他神经元进行交流。轴突构成了小脑内部密集的分支（深橙色）。（放大倍数：8 倍，原图尺寸为 10cm×10cm）

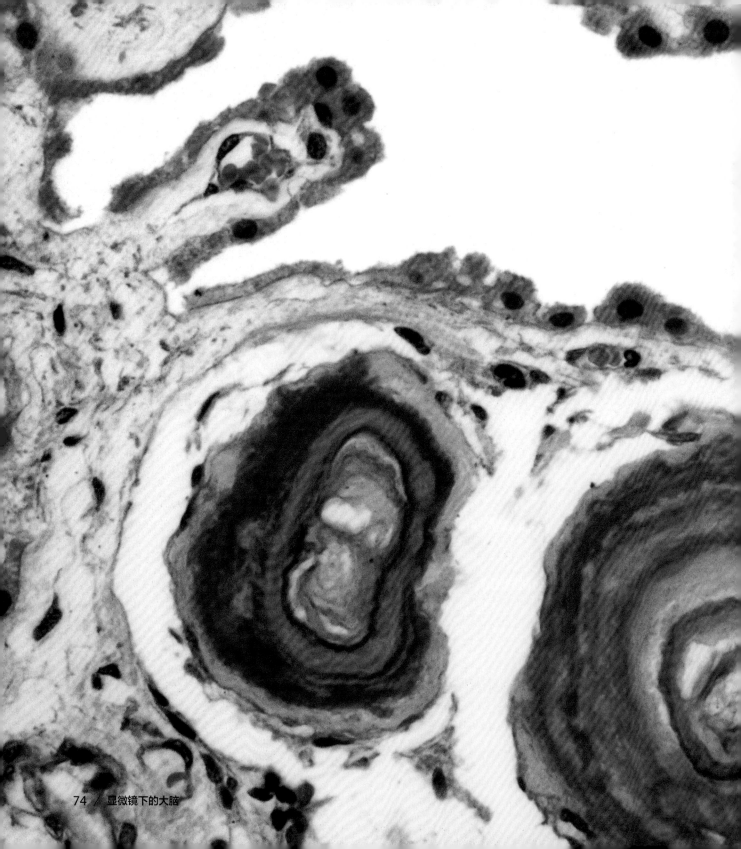

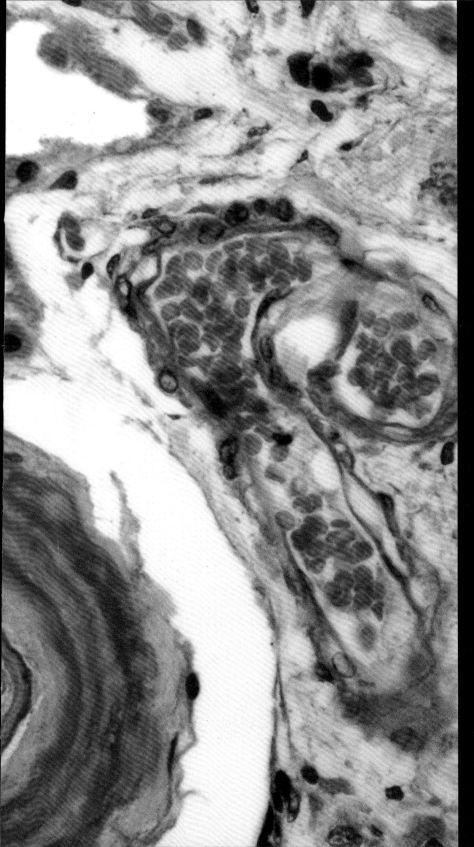

淀粉样体（光学显微镜图像）

淀粉样体是一种小型的肿块，一般出现在衰老的心脏、前列腺或大脑中。它们十分常见，并且通常见于健康的器官中，但是其功能尚不可知。它们由冗余的细胞或增稠的液体分泌物组成。图中的两个淀粉样体（紫色，底部）位于大脑中毛细血管构成的区域——脉络丛。它能为大脑提供脑脊液——一种具有缓冲作用的保护性液体。（放大倍数：200倍，原图尺寸为10cm×10cm）

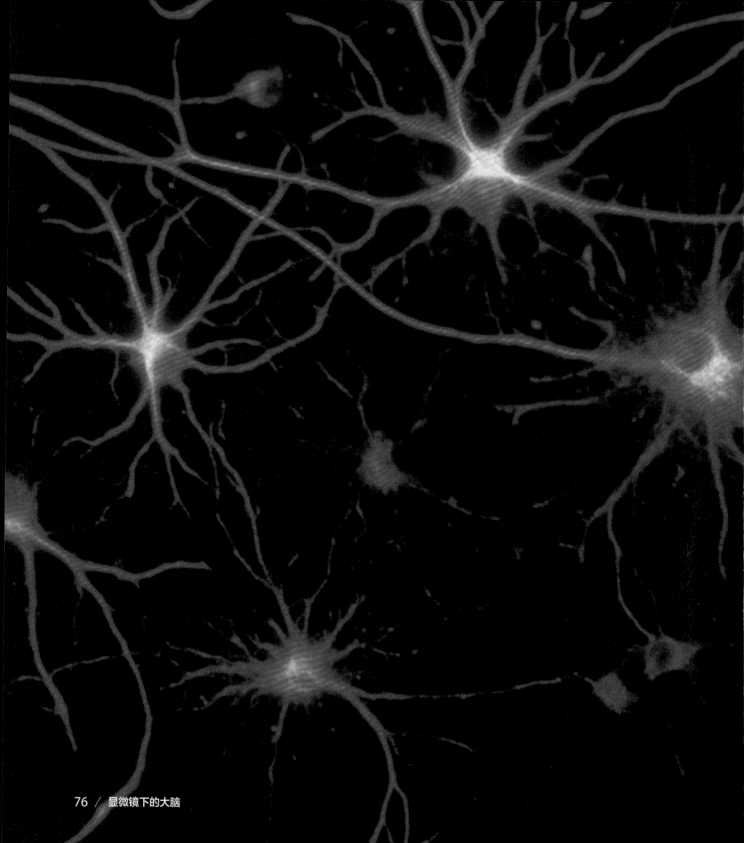

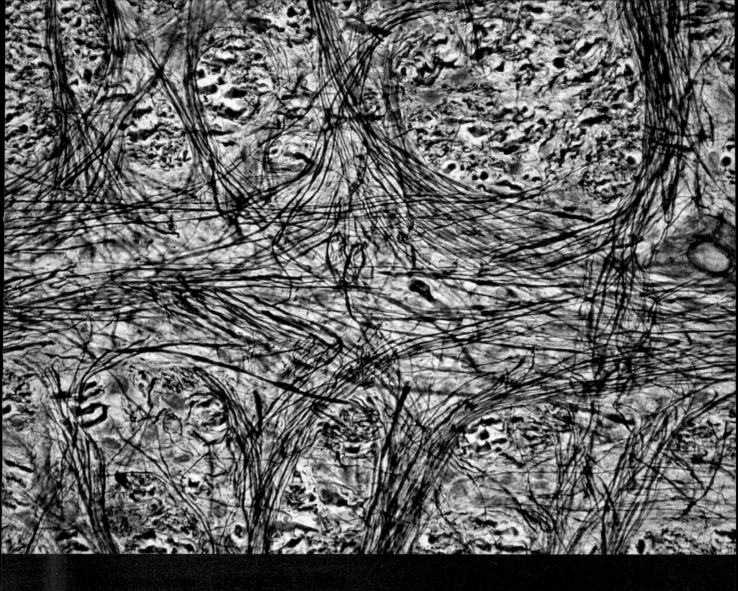

前页图：脑组织中的星形胶质细胞（荧光显微镜图像）

　　神经胶质细胞是位于大脑灰质、白质和脊髓中的支持细胞。星形胶质细胞是灰质中数量最多的神经胶质细胞，能够支撑神经元并为其提供代谢支持。在脑或脊髓受伤后，它们能够帮助神经元再生。图中星形胶质细胞的细胞核呈黄色，树突呈红色。（放大倍数：120 倍，原图尺寸为 5cm×7cm）

上图：脑中的神经组织（光学显微镜图像）

　　所有的神经元都由一个细胞体组成，每个细胞体都有数目不一的突起。图像右方可见一个细胞体，中央有一个圆形的细胞核。细胞体的突起有两种：一个轴突和一个或多个树突。轴突是向其他神经元传递信息的通道，在图中被染成黑色，有的向水平方向延伸，也有的向垂直方向延伸。（放大倍数：250 倍，原图尺寸为 6cm×7cm）

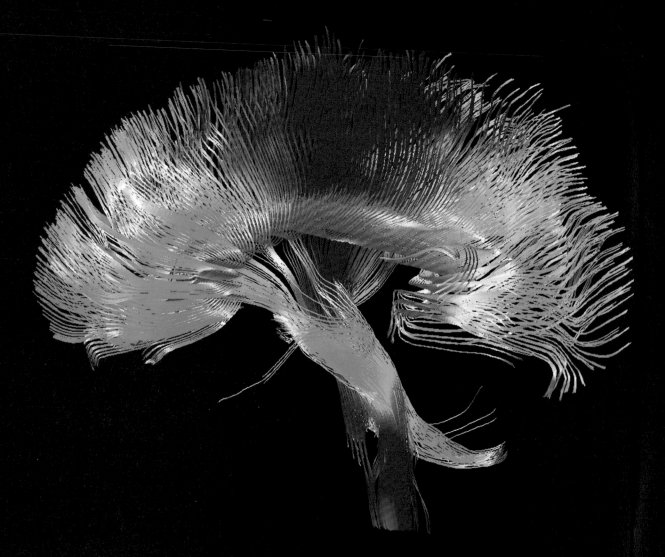

上图：脑通路（彩色核磁共振扫描图像）

图中所示是脑白质通路。脑白质由神经纤维组成，这些神经纤维负责在大脑的神经元（图片上半部分）和脑干（图片下半部分）之间传递信息。图中显示了从大脑的顶部到底部的神经通路（蓝色），从前面（左）到后面（右）的通路（绿色），以及大脑左右半球之间的通路（红色）。（放大倍数：未知）

后页图：星形胶质细胞（免疫荧光显微镜图像）

星形胶质细胞含有大量结缔组织的分支，可以滋养和修复神经元，同时也在信息存储中发挥作用。免疫荧光技术是一种利用抗体将荧光染料附着在细胞内特定组织和分子上的染色技术。在这幅图中，星形胶质细胞的细胞质（其延伸的星状体）被染成绿色，细胞核被染成蓝色。图中亦可见其他细胞的被染成蓝色的细胞核。（放大倍数：125 倍，原图尺寸为 6cm×4.5cm）

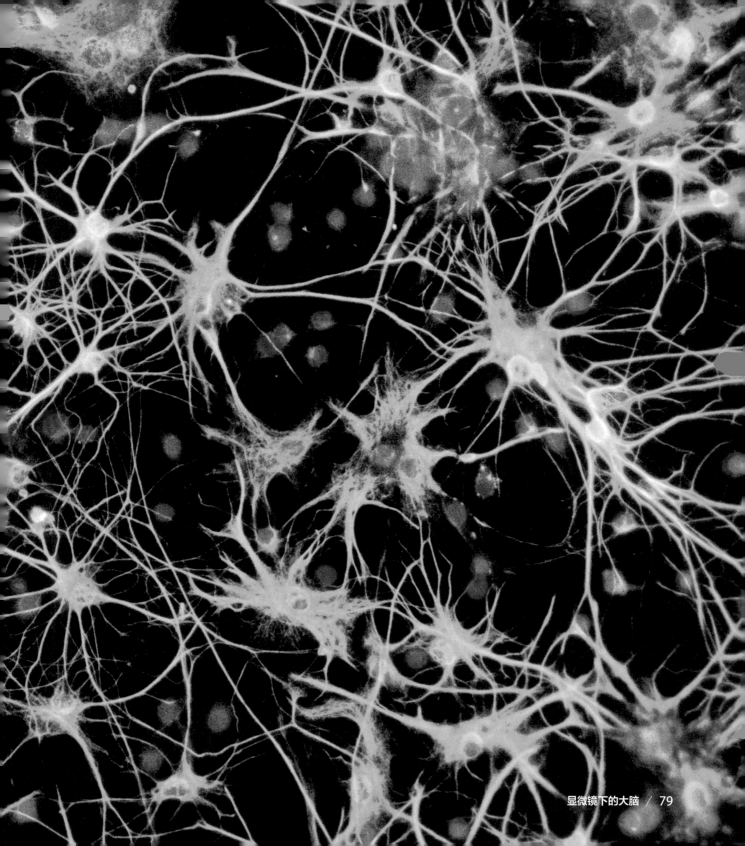

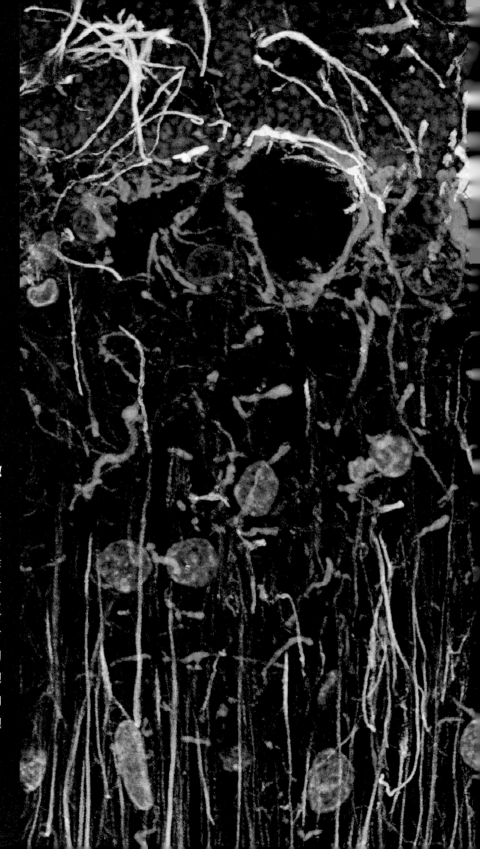

小脑组织（彩色共聚焦光学显微镜图像）

小脑负责控制人体的平衡状态、姿势和肌肉的协调，浦肯野细胞对此发挥了至关重要的作用，它们能够沟通小脑的两层灰质。如图中浦肯野细胞有一个瓶状细胞体（红色），还有许多分支（树突）接收来自其他细胞的电脉冲。周围的神经胶质细胞（绿色）为浦肯野细胞提供结构支撑、营养和氧气，它们的细胞核呈蓝色。（放大倍数：未知）

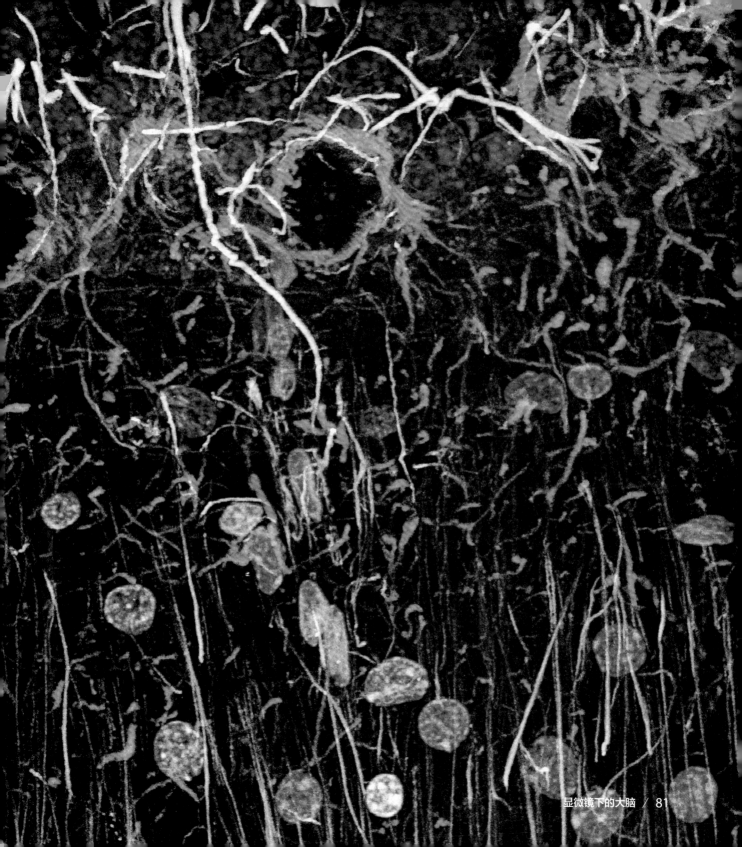

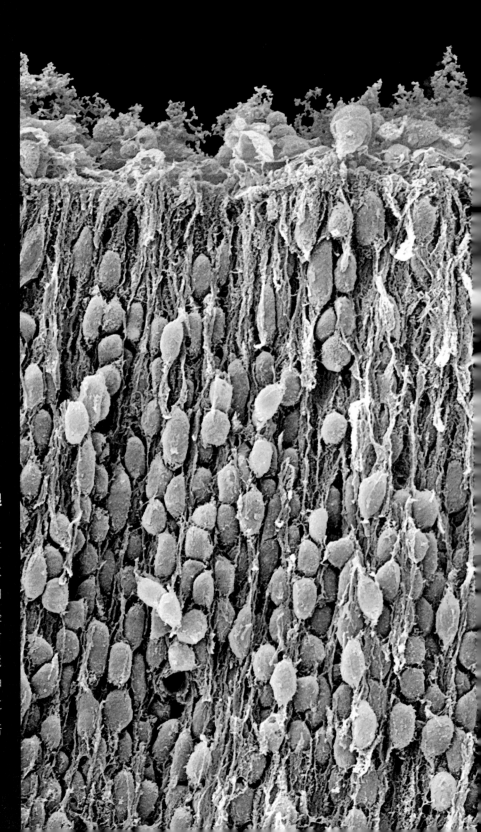

胎儿的脑细胞（彩色扫描电子显微镜图像）

胎儿的大脑于出生五周后开始快速发育。图中显示了胎儿大脑中负责控制身体姿势和运动的神经元。神经元负责在中枢神经系统中传递信息。每个神经元有一个细胞体（黄色），细胞体能够发出许多树突，负责从其他神经元或感觉细胞（如眼睛和内耳中的细胞）收集信息。（放大倍数：未知）

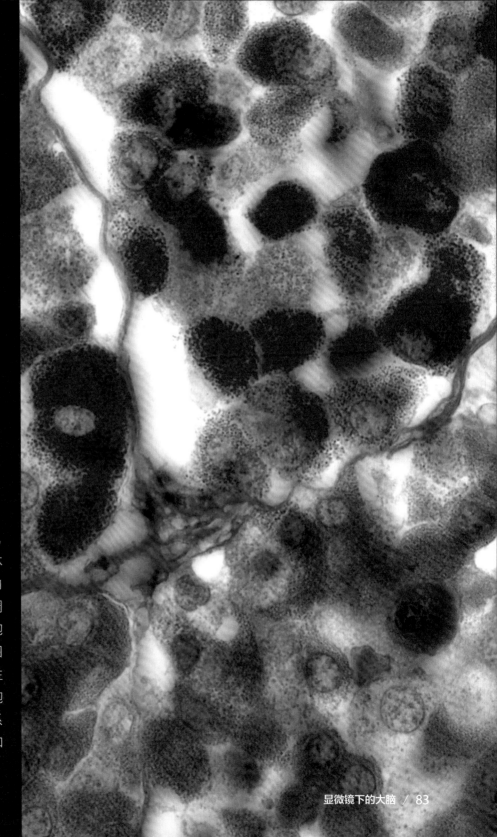

脑垂体（光学显微镜图像）

　　脑垂体是一种内分泌腺体，直接将激素分泌到血液中。垂体位于大脑底部，参与调节人体内环境，如体温和酸碱平衡的调节。垂体分泌的激素由厌色细胞（浅蓝色）产生。除此之外，图中还有两种白细胞 —— 嗜酸性粒细胞（红色）和嗜碱性粒细胞（紫色），它们存在于人体免疫系统中，能够"瞄准"抵御寄生虫和过敏反应。（放大倍数：1100倍）

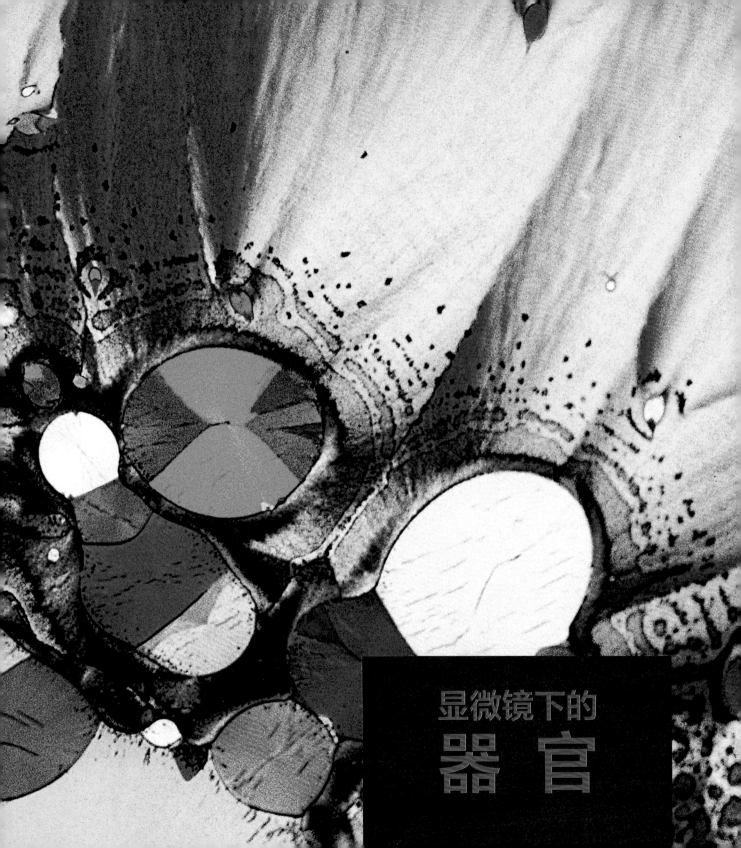

显微镜下的
器官

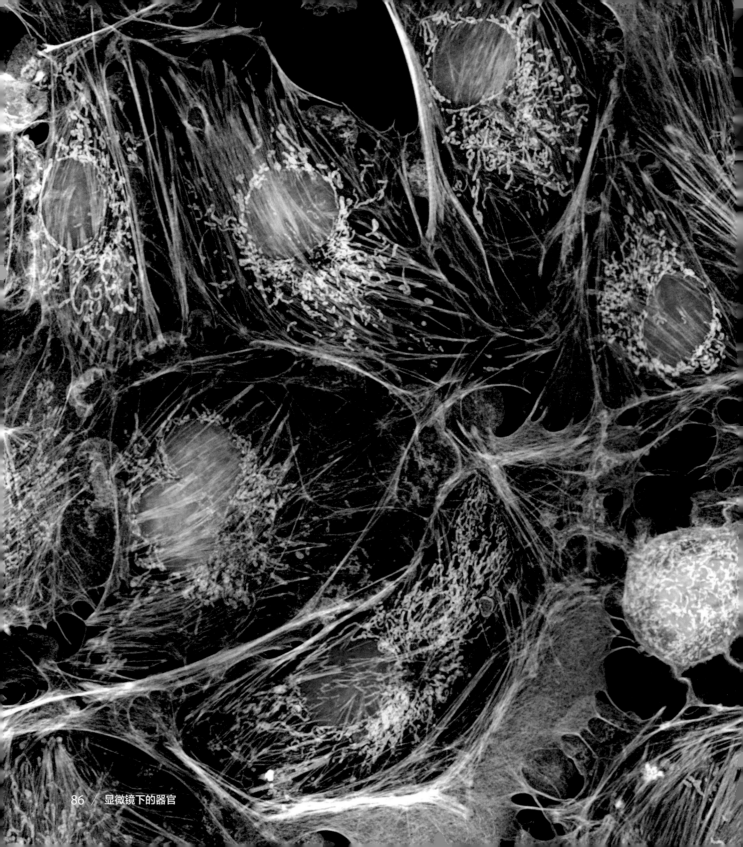

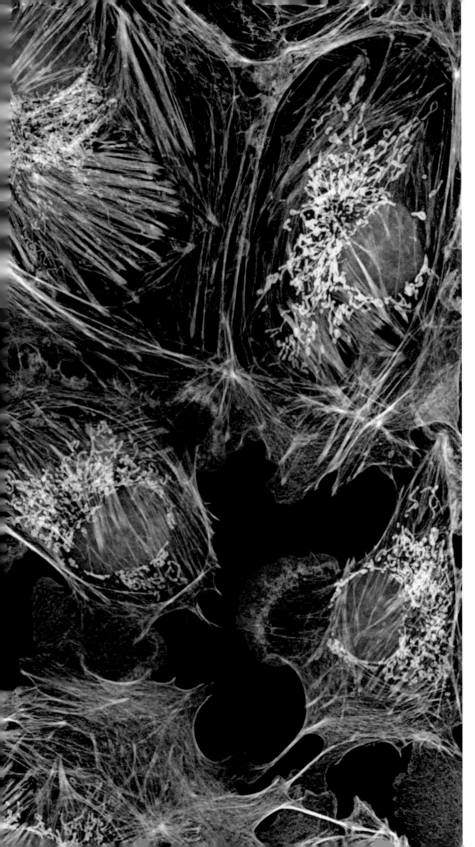

篇章页图：血清素晶体（偏振光显微镜图像）

血液凝固时，血小板通过释放血清素使血管收缩。血清素是大脑中一种重要的神经递质，缺乏它会引起抑郁。正是基于血清素抗抑郁的功能，人们研发出一种抗抑郁药物——选择性5-羟色胺再摄取抑制剂（SSRI），如百忧解（氟西汀）等。而另一些激素，例如大脑松果体分泌负责调节睡眠周期的褪黑激素所需的原材料，也来自血清素。（放大倍数：未知）

左图：肺细胞（免疫荧光光学显微镜图像）

体循环系统是由动脉和静脉相互交错构成的巨大复杂血管网，它能够为身体大多数部位供血。但心脏和肺有各自独立的血液循环系统，即冠脉循环与肺循环。图中所示是肺循环中血管的内皮细胞。其中细胞核——遗传信息储存部位（蓝色）；肌动蛋白——细胞骨架的主要成分（白色）；线粒体——为细胞提供能量（黄色）。（放大倍数：未知）

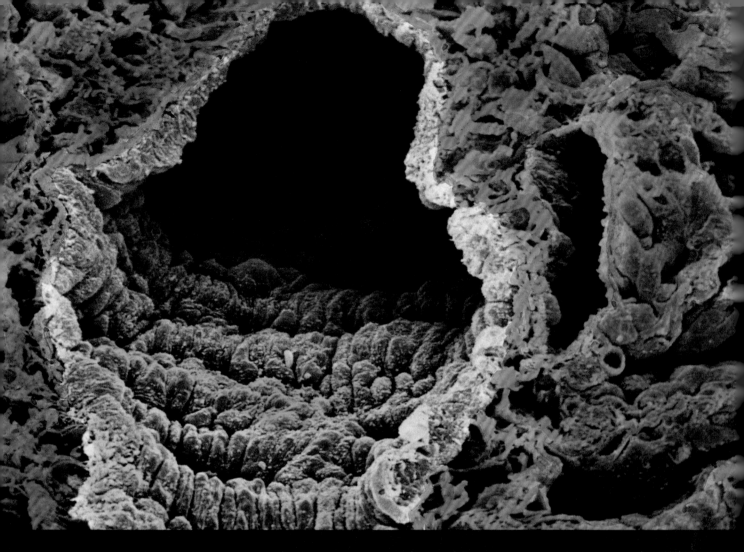

上图：肺泡（彩色扫描电子显微镜图像）

图中所示的是被黄染的肺动脉，它为肺提供血液。动脉的内层由细长的内皮细胞所构成（黄绿色）。在动脉右侧，紧挨着它的细长空腔（蓝色）是一条小动脉，能够将血液从动脉输送到更小的毛细血管（橙色）中。图中其他的蓝色空腔是肺泡，它们被毛细血管环绕，肺泡是氧气和二氧化碳进行交换的场所。（放大倍数：900 倍，原图尺寸为 6cm×7cm）

后页图：肺泡和支气管（彩色扫描电子显微镜图像）

当我们吸气时，空气便顺着支气管（蓝色）进入了肺，最终抵达支气管末端所连接的一个个膨大的小囊泡，称之为肺泡。肺泡周围环绕着毛细血管网（黄色）。血液从较大的肺动脉分支（粉色）流入较小的小动脉（右上），最后抵达毛细血管补充氧气。随后这些含氧量高的新鲜血液回到心脏，并被泵入我们的体循环中。（放大倍数：47 倍，原图尺寸为 6cm×7cm）

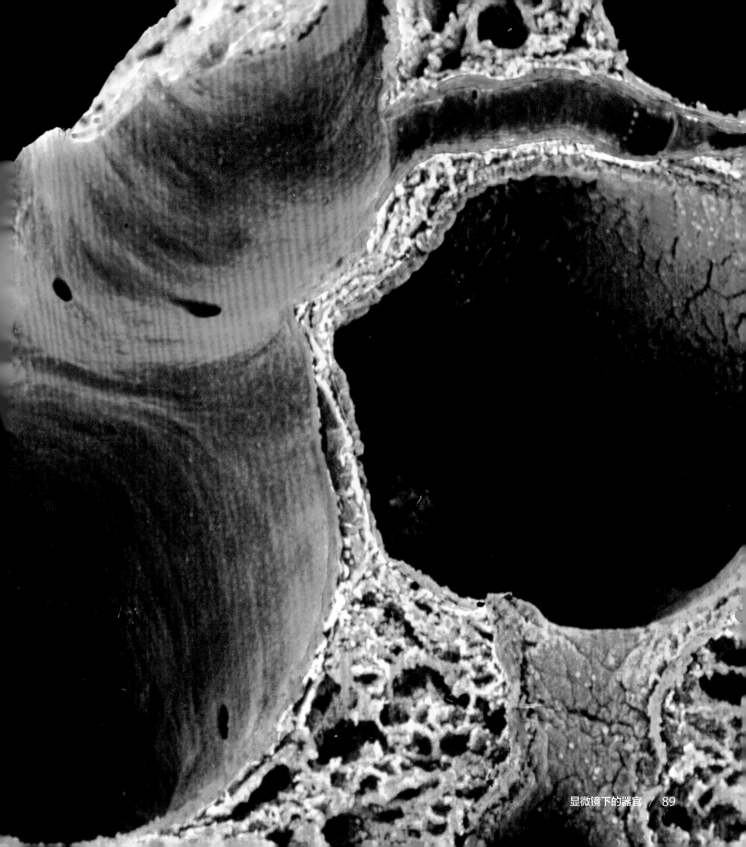

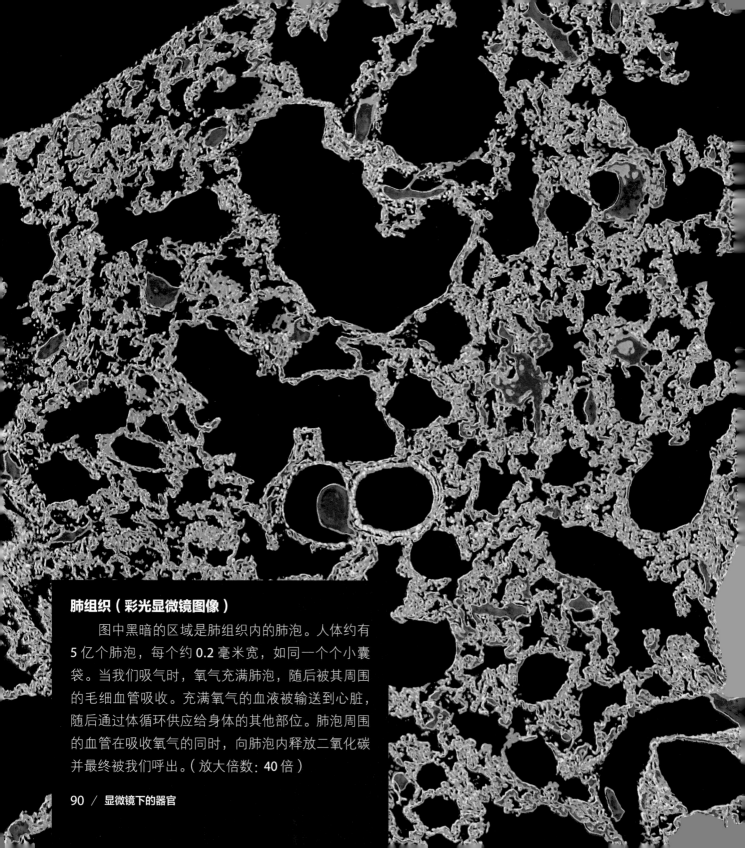

肺组织（彩光显微镜图像）

　　图中黑暗的区域是肺组织内的肺泡。人体约有 5 亿个肺泡，每个约 0.2 毫米宽，如同一个个小囊袋。当我们吸气时，氧气充满肺泡，随后被其周围的毛细血管吸收。充满氧气的血液被输送到心脏，随后通过体循环供应给身体的其他部位。肺泡周围的血管在吸收氧气的同时，向肺泡内释放二氧化碳并最终被我们呼出。（放大倍数：40 倍）

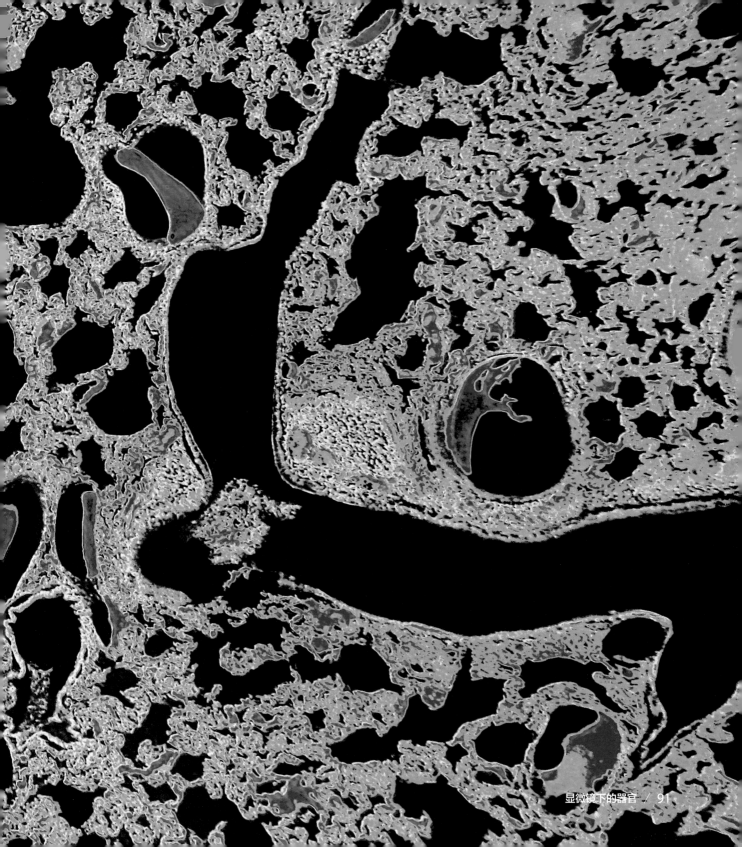

前页图和上图：肾上腺素晶体（偏振光显微镜图像）

肾上腺素，通常少量存在于血液中。它是由位于肾脏上方的腺体 —— 肾上腺产生的一种激素。肾上腺由下丘脑控制，下丘脑是大脑中负责控制本能反应和情绪反应的脑区。在人感到压力倍增或经历某些刺激（如情绪紧张）时，肾上腺素分泌就会增加并释放到血液中，使得气道扩张，小血管收缩。这些都能够让肌肉紧绷，并使得我们产生所谓"战或逃"（fight or flight）的应对机制。肾上腺素也是一种非常重要的药物，在急性哮喘发作时它可以扩张细支气管；在过敏性休克时，它也可以刺激心脏。[放大：30 倍（左图），50 倍（上图），原图尺寸为 **10cm × 12.5cm**]

血清素晶体（偏振光显微镜）

人体约有 **90%** 的血清素位于肠道中，控制消化活动。神经系统内的血清素分子能够作为"信使"，在人记忆与学习的过程中发挥作用。血清素还能调节我们的情绪、睡眠和食欲。因此，血清素含量过低可能会导致抑郁。血液中血清素由血小板吸收储存，在机体损伤部位可以被释放出来以助其凝血。（放大倍数：**4** 倍）

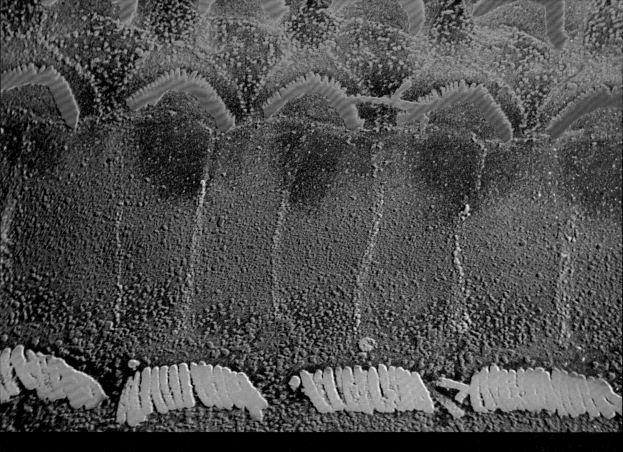

上图：内耳中的螺旋器官（彩色扫描电子显微镜图像）

　　外耳和中耳通过耳道、耳膜和耳骨将声波传递到内耳。正是由于内耳中的螺旋器官（又名柯蒂氏器官，以 19 世纪意大利解剖学家柯蒂命名），我们才能够听到外界传来的声音。螺旋器官上布有毛细胞，能够支持上百个毛发状的纤毛，如图所示，它们排成直线（黄色），或倒"V"形（粉色）。这些纤毛能够将声波引起的震动转化为电脉冲，并将其传送到大脑。（放大倍数：1460 倍，原图尺寸为 6cm×7cm）

后页图：内耳中的耳石（彩色扫描电子显微镜图像）

　　我们通过耳朵里的"小石头"来维持身体的平衡，每只耳朵各有一块，称为耳石。如图所示，耳石的表面有很多碳酸钙晶体，正是它们在内耳中不断沉积，最终才形成了耳石。耳石可以附着在感觉毛上，因为这些毛发对身体重心的移动和由此产生的加速度非常敏感，所以当我们的头部发生倾斜时，感觉毛发生移动，能够将神经冲动传至大脑，这样我们就可以根据需要调整我们身体的平衡了。（放大倍数：未知）

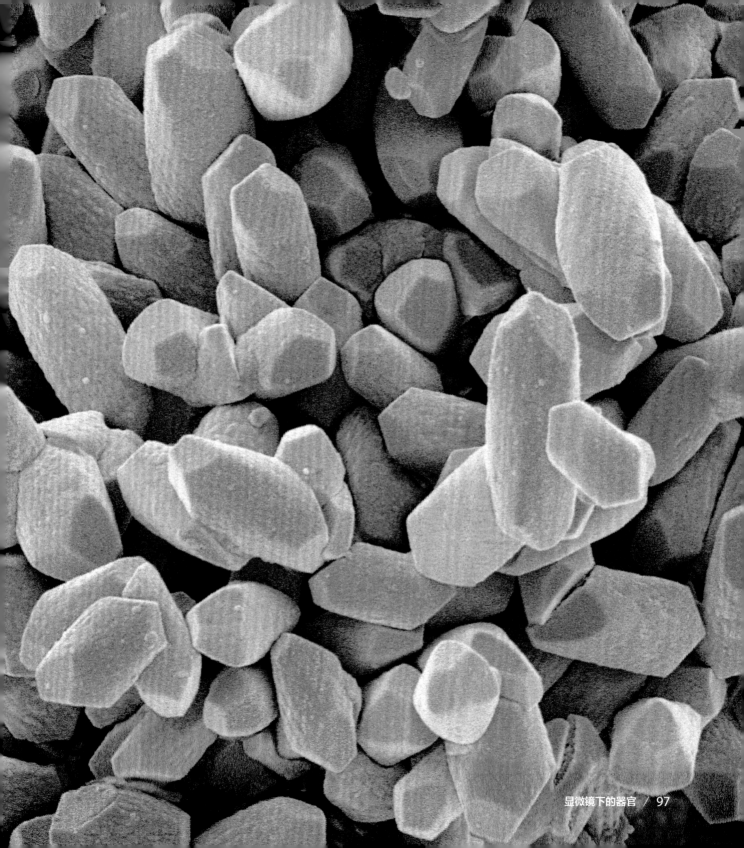

前页图：眼球晶状体（彩色扫描电子显微镜图像）

  晶状体位于眼球内，紧靠在虹膜（有色部分）后面。它能将光线聚焦在眼球的视网膜上。如图所示，晶状体是由排列成同心圆的细长细胞构成的。它由微小韧带固定，这些韧带附着在虹膜周围的肌肉上。为了聚焦不同距离的物体，这些肌肉会拉动韧带从而改变晶状体的曲率。（放大倍数：100 倍，原图尺寸为 10cm×10cm）

上图：视网膜（彩色扫描电子显微镜图像）

  视网膜位于眼球内部，通过晶状体感知光线。从图像下方起始，到上方的视网膜，光线穿过视网膜上半透明的血管和神经层（图像下三分之一部分），然后照射到附着于其上皮（图像上部，视网膜壁的背面）紧密排列的光感受器（光接收细胞）上。（放大倍数：480 倍，原图尺寸为 10cm×10cm）

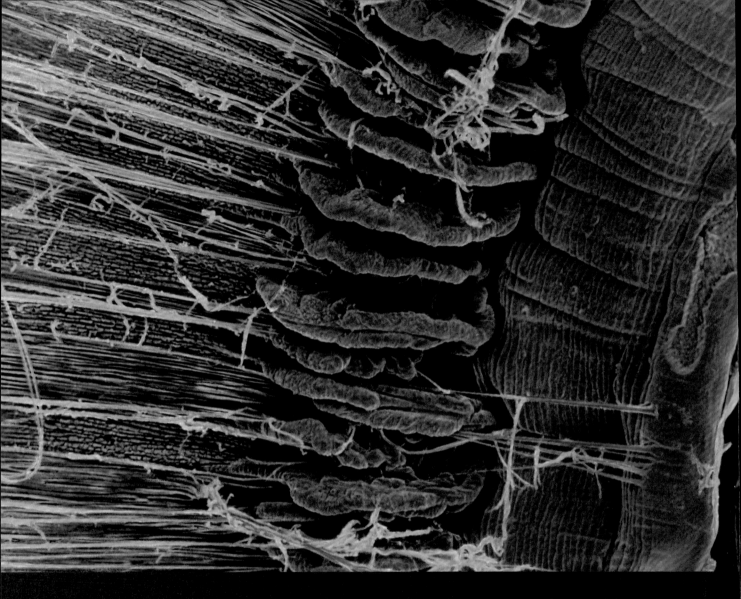

上图：眼球虹膜（彩色扫描电子显微镜图像）

　　视觉由许多机制调控。图像右下角是瞳孔的边缘（蓝色），光线通过瞳孔进入眼睛。紧挨着它的是虹膜（粉色），能够控制瞳孔的大小，从而控制入射光线的强弱。图像中央由上至下排列的褶皱带是睫状突（红色），这些肌肉通过拉动细小纤维（黄色和绿色）来改变晶状体的形状和焦点。（放大倍数：未知）

后页图：视网膜（彩色扫描电子显微镜图像）

　　这是一个视网膜的树脂铸模。视网膜是一种感光膜，位于眼球后部。图中血管（粉色，橙色）从视盘（黄色）辐射开来，而其正是视神经和血管进入眼球的部位。因为视盘没有感光细胞，所以我们每只眼睛都有一个"盲点"。为了显露图中的血管，需要在血管中注入树脂，并把周围组织移除。（放大倍数：未知）

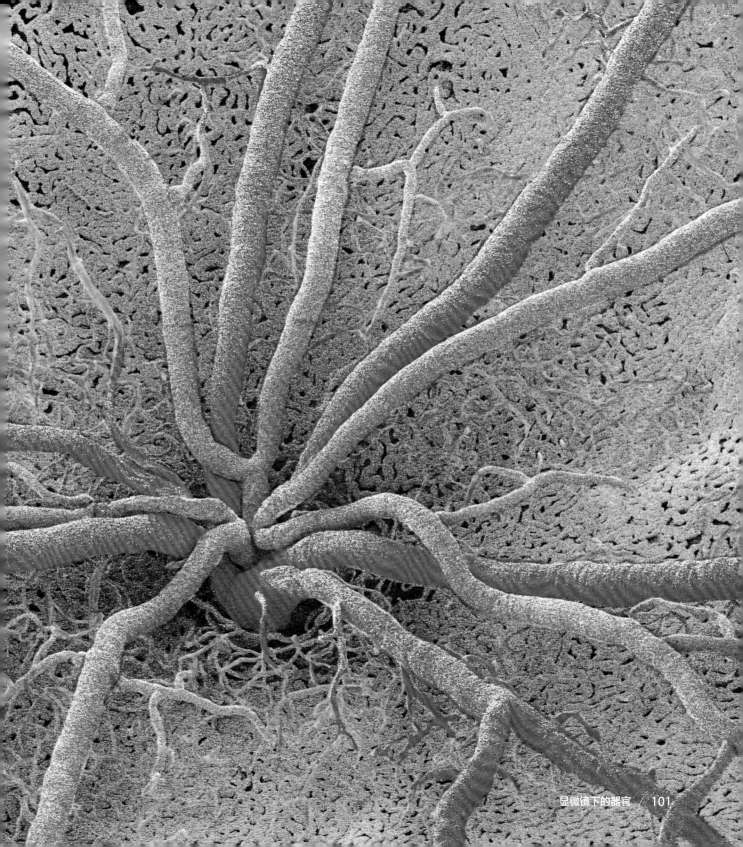

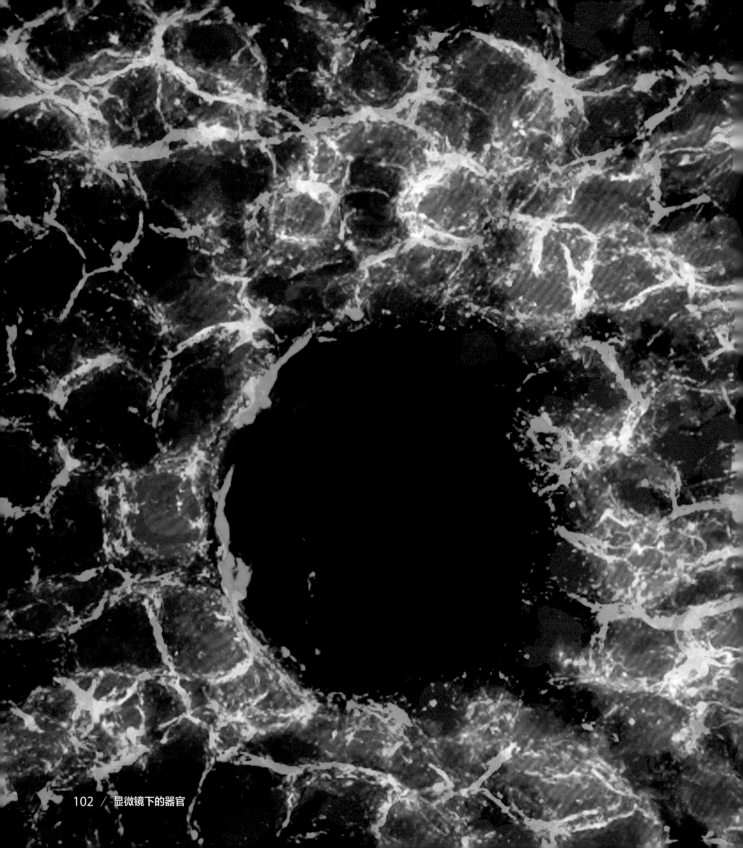

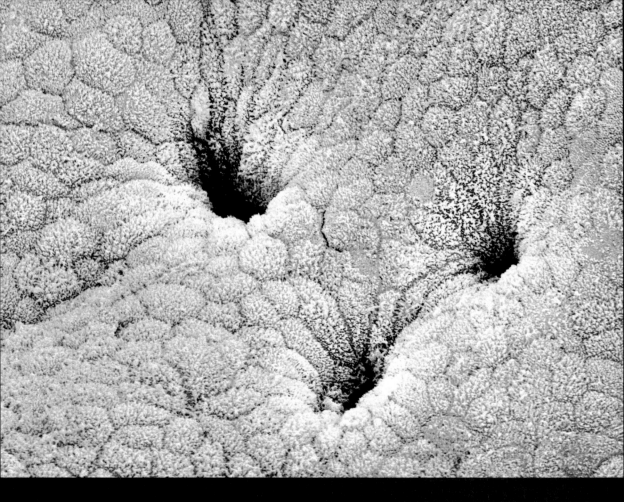

前页图：肝组织（荧光反褶积光显微镜图像）

　　肝是人体内最大的解毒器官，它能够储存营养物质，清除血液中的毒素和其他代谢废物。这张肝脏组织图像中央的黑色部分是中央静脉的横截面，位于肝小叶的核心。肝小叶是由肝细胞和血管构成的肝脏的功能单位，它们能够接收通过肝脏循环的血液，最后将其送回体内。图中用红色和绿色荧光标记的是细胞内的结构蛋白，用蓝色标记的是细胞核。（放大倍数：未知）

上图：胆囊表面（彩色扫描电子显微镜图像）

　　胆囊能够浓缩、储存来自肝脏的胆汁，并将其运送到小肠，用于消化分解脂肪。图中央是三个能够分泌胆汁的腺体（黄色）。胆囊表面的高柱状上皮细胞在电子显微镜下形似"土丘"，其腔面覆盖有发丝状的微绒毛，有助于吸收水分，浓缩胆汁，增强其在消化系统中的作用。（放大倍数：未知）

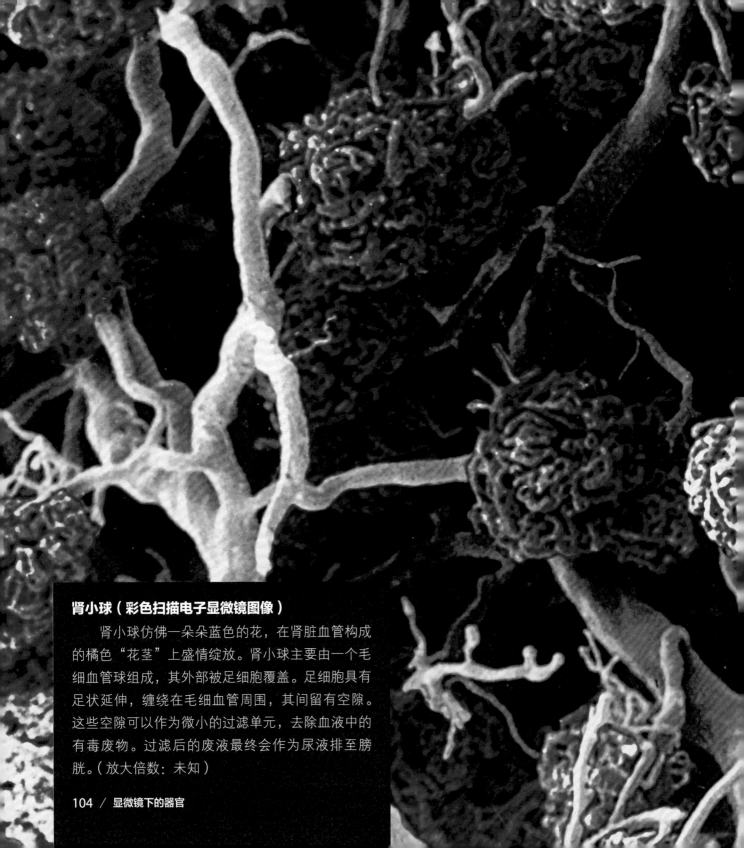

肾小球（彩色扫描电子显微镜图像）

　　肾小球仿佛一朵朵蓝色的花，在肾脏血管构成的橘色"花茎"上盛情绽放。肾小球主要由一个毛细血管球组成，其外部被足细胞覆盖。足细胞具有足状延伸，缠绕在毛细血管周围，其间留有空隙。这些空隙可以作为微小的过滤单元，去除血液中的有毒废物。过滤后的废液最终会作为尿液排至膀胱。（放大倍数：未知）

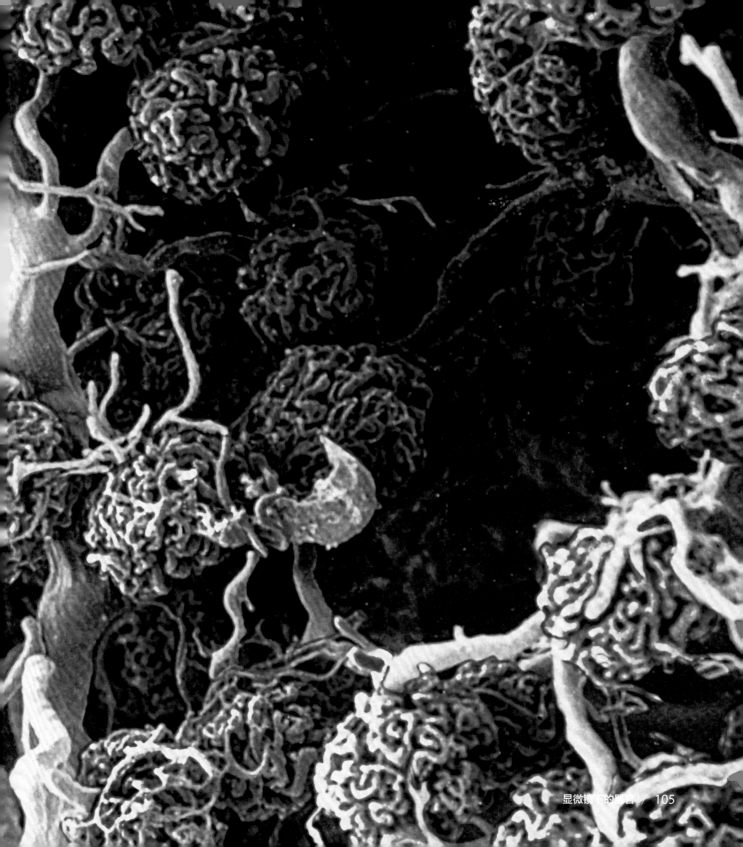

肾小球（彩色扫描电子显微镜图像）

　　每个肾脏都有数百个肾小球，它们可以过滤血液中的有毒废物。肾小球的核心是一团紧密缠绕的毛细血管网，毛细血管是最细的一种血管。网状的足细胞覆盖在毛细血管外，通过发出的足状延伸缠绕在毛细血管上。在该树脂铸模中，足细胞和肾小囊被移除，使得毛细血管（粉色）和为肾小球供血的大血管（橙色）清晰可见。（放大倍数：未知）

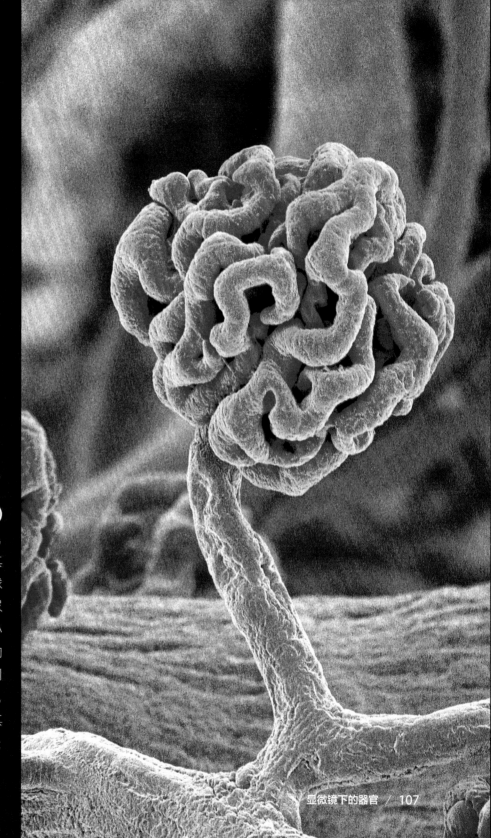

肾小球（彩色扫描电子显微镜图像）

肾小球是肾脏中的过滤装置，它能清除血液中的有毒废物，使其最终以尿液形式排出体外。肾小球位于肾小囊（又名鲍氏囊）中，尿液在进入膀胱之前主要存留在肾小囊中。在这张图像中，肾小球的血液供应通路内被注入树脂，周围包括肾小囊在内的组织被移除，只留下肾小球的毛细血管和为其供血的大一些的血管。（放大倍数：未知）

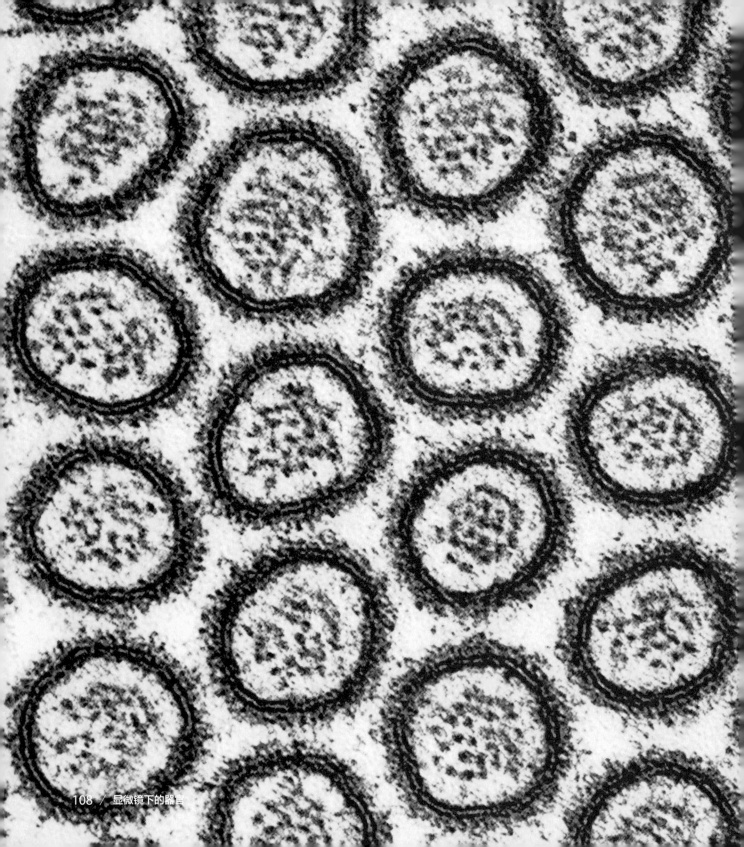

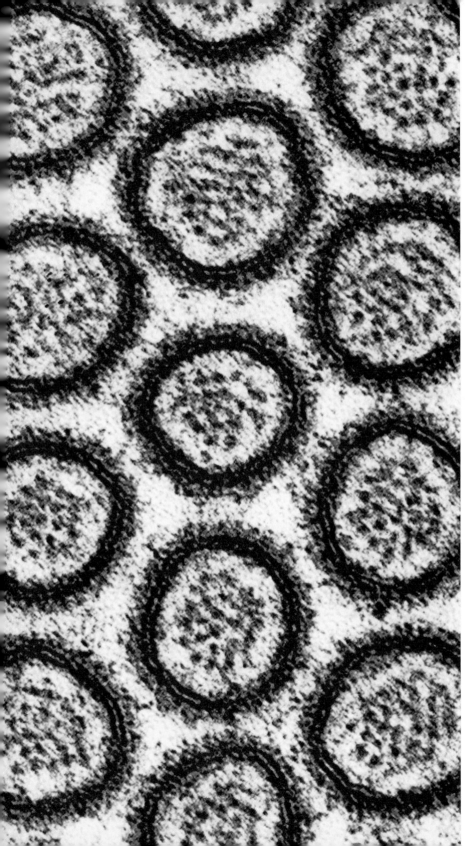

肠道微绒毛（彩色透射电子显微镜图像）

在此显微镜图像上，绒毛是排列在小肠壁上的指状的突起，从它们中还能继续延伸出微绒毛（从图中绒毛的圆形截面可以看出）。微绒毛比绒毛更小，在电子显微镜下细如发丝，其由包裹着肌动蛋白和其他结构蛋白核心的双层膜结构构成。微绒毛能够增加肠壁的表面积，使肠道更好地消化吸收食物中的营养物质。（放大倍数：22500 倍，原图尺寸为 10cm×10cm）

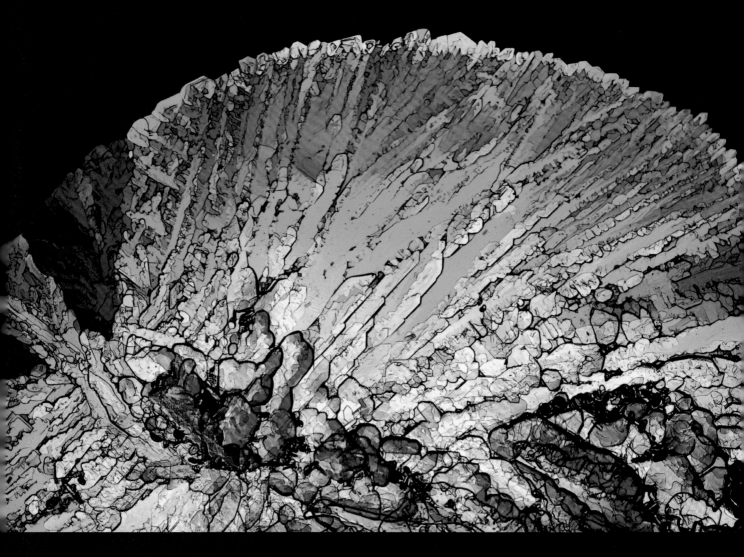

前页图：胰岛素晶体（偏振光显微镜图像）

图中的六边形晶体是胰岛素晶体。胰岛素在胰腺中产生，负责调节血糖平衡。胰岛素分泌不足会导致葡萄糖在血液中积累，从而导致Ⅰ型糖尿病的发生。与此相反，Ⅱ型糖尿病患者的体内有足够多的胰岛素，但细胞无法对其做出正确反应。还有一种糖尿病叫作妊娠期糖尿病，发生在血糖高的孕妇当中。（放大倍数：117倍，原图尺寸为6cm×7cm）

上图：胰岛素晶体（偏振光显微镜图像）

胰岛素分子由被两个硫键连接的两条肽链构成，它是一种由胰岛细胞［又叫朗格汉斯细胞，以19世纪解剖学家保罗·朗格汉斯（Paul Langerhans）命名］分泌的激素。当血糖浓度上升时，胰岛素开始分泌，从而促进肝细胞合成肝糖原，以降低血糖水平。（放大倍数：未知）

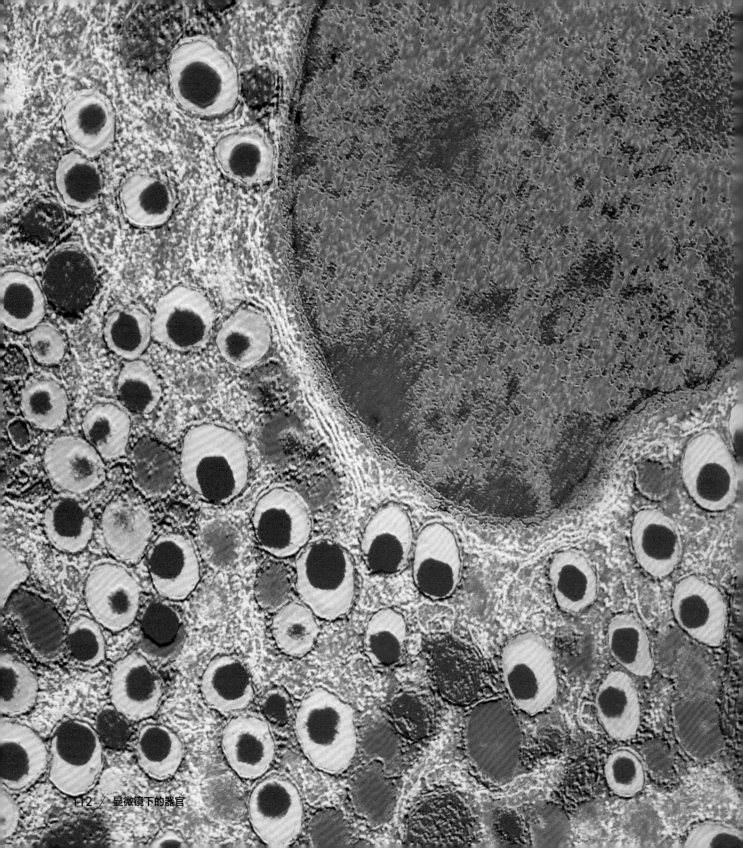

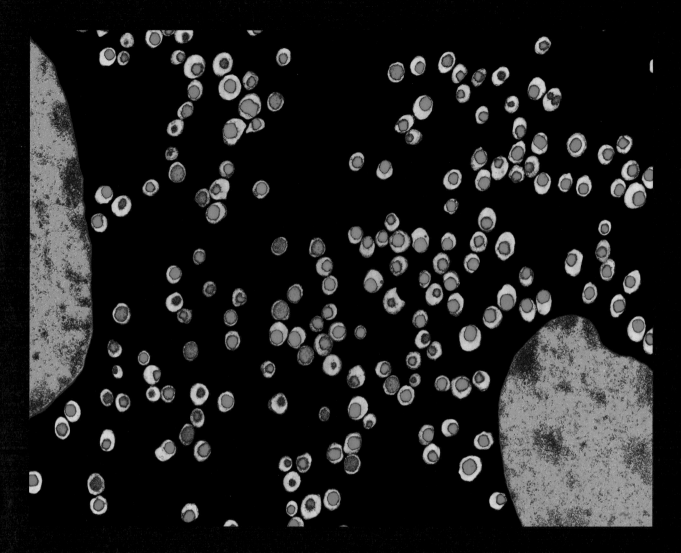

前页图：胰岛（彩色透射电子显微镜图像）

胰腺中有上百万个胰岛，这是其中一个细胞的横截图。胰岛通过向血液中分泌激素——主要是胰岛素和胰高血糖素，来控制血糖水平。右上角（淡紫色和绿色）是细胞核的一部分。白色部分被包裹在红色的膜中，里面的红斑是分泌颗粒，它们含有致密颗粒状激素核心。（放大倍数：4800倍，原图尺寸为6cm×4.5cm）

上图：胰岛（彩色透射电子显微镜图像）

这张图像部分展示了胰岛中的两个内分泌细胞。图像左侧和右下方是这些细胞的细胞核。细胞内有很多圆形的分泌颗粒，内含致密的激素颗粒核（绿色），黄色的空隙把这些颗粒与细胞膜分隔开来。将两个细胞分开的膜没有在图中显示出来。（放大倍数：8700倍，原图尺寸为10cm×10cm）

输卵管绒毛（彩色扫描电子显微镜图像）

女性体内有两个卵巢，能够产生卵子。输卵管是这些卵子进入子宫的通道。输卵管于卵巢旁开口处的褶皱上有绒毛，能够引导卵子进入输卵管。正常情况下，受精在输卵管内进行。（放大倍数：10倍，原图尺寸为 10cm×10cm）

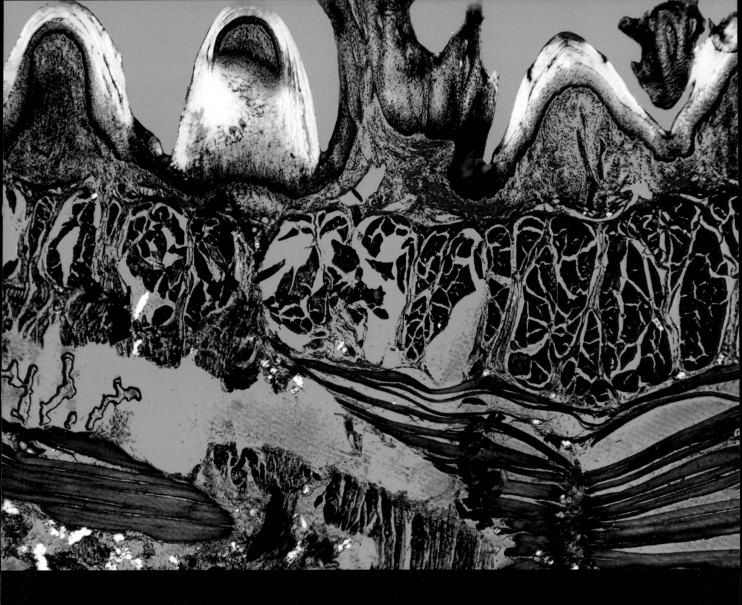

舌组织（偏振光显微镜图像）

　　这是舌组织的横截面，舌的表面位于图像顶部。其上有三个圆形的菌状乳头和一个圆锥形丝状乳头。舌乳头下方是垂直排布的肌肉（浅绿色），与舌（深绿色）和舌肌（红色）交叉。舌表面覆盖着角质化的复层扁平上皮细胞（黄色），可以防止其脱水和磨损。舌头也有轮廓乳头和叶状乳头，但此图中未显示。（放大倍数：100倍，原图尺寸为 10cm×10cm）

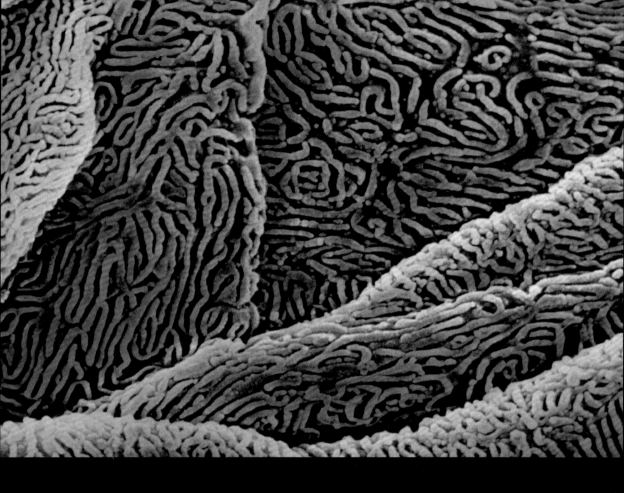

上图：食管的微褶皱（彩色扫描电子显微镜图像）

　　口腔内的食物通过食管进入胃部。当人做吞咽动作时，食管内的肌肉沿一定方向进行收缩，使食物向下移动。食管的腔面能够产生黏液，润滑食管的内壁，有利于食物的运输。食管内表面有很多微皱褶，这些脊状突起能够作为"堤坝"来贮存黏液，以防食管变得干燥。（放大倍数：2600 倍，原图尺寸为 6cm×7cm）

后页图：甲状腺毛细血管（彩色扫描电子显微镜图像）

　　这个树脂铸模显示了甲状腺的毛细血管。甲状腺呈"Y"形，是位于颈部的一个器官。甲状腺毛细血管，是最细小的血管，分布在甲状腺的腺叶上。腺叶内称为卵泡的圆形囊簇分泌产生甲状腺素，甲状腺素控制人体的新陈代谢和生长，通过毛细血管分散到人体几乎每个细胞。此外，它们还调节葡萄糖的使用，并帮助骨骼保留钙质。（放大倍数：未知）

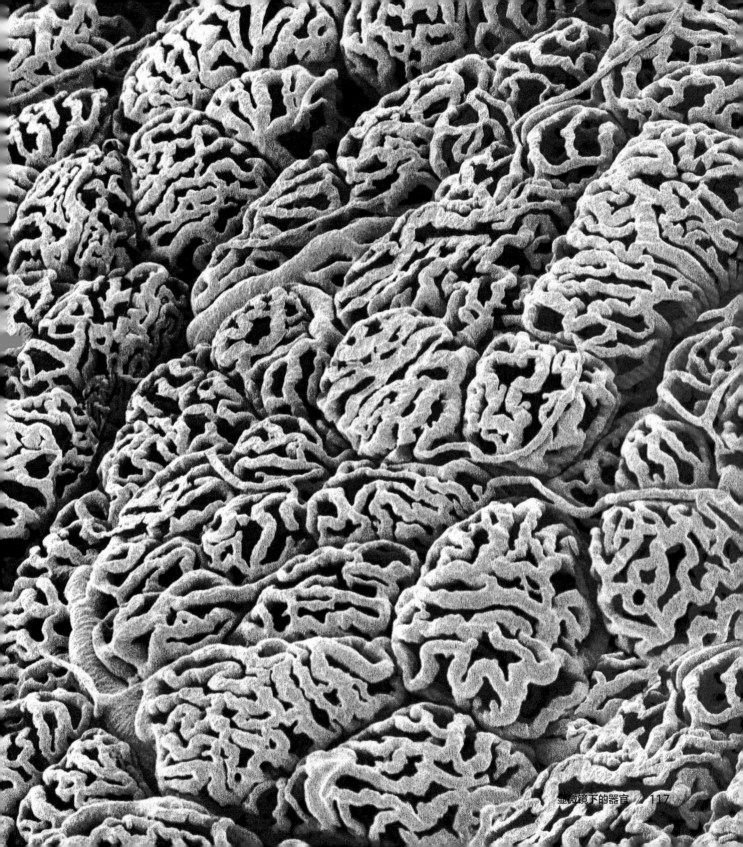

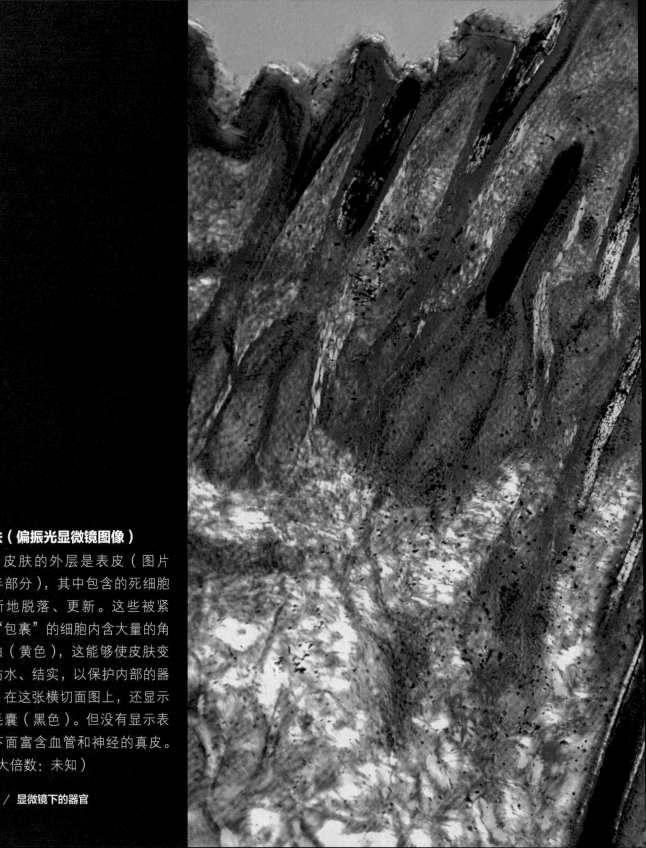

皮肤（偏振光显微镜图像）

　　皮肤的外层是表皮（图片上半部分），其中包含的死细胞不断地脱落、更新。这些被紧密"包裹"的细胞内含大量的角蛋白（黄色），这能够使皮肤变得防水、结实，以保护内部的器官。在这张横切面图上，还显示了毛囊（黑色）。但没有显示表皮下面富含血管和神经的真皮。（放大倍数：未知）

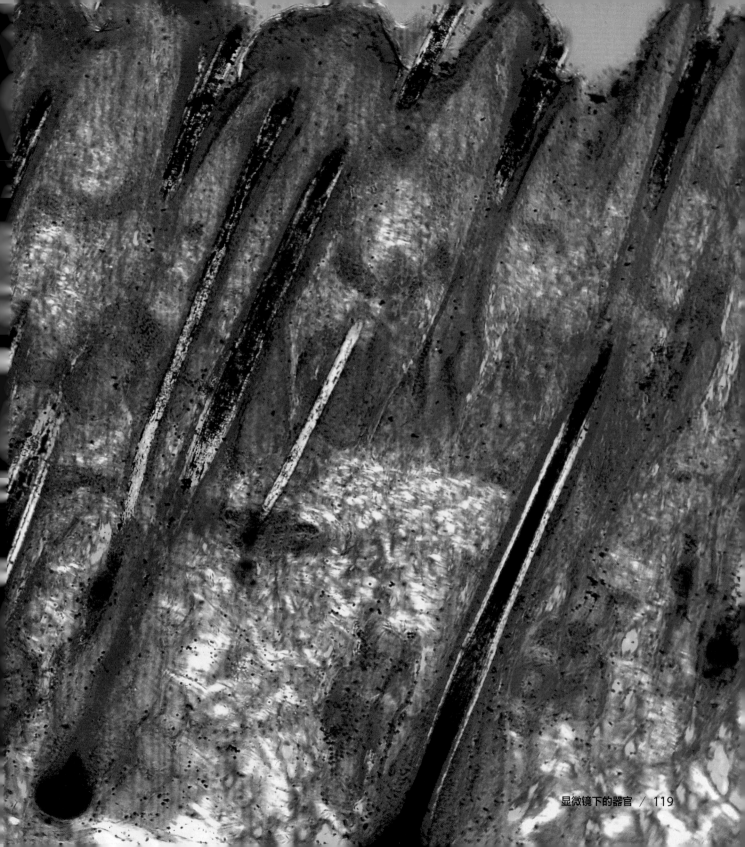

褪黑素晶体（偏振光显微镜图像）

　　褪黑素是由大脑中的松果体分泌的。松果体是一种能够控制人体生物节律的腺体，它能够接收从眼球传递来的信息，但在强光下并不活跃。松果体在夜间释放褪黑素以促进睡眠。不难推测，人到中年时期常失眠易怒，很可能与褪黑激素的分泌减少有关。另外含有褪黑素的药物还具备缓解时差反应的功效。（放大倍数：未知）

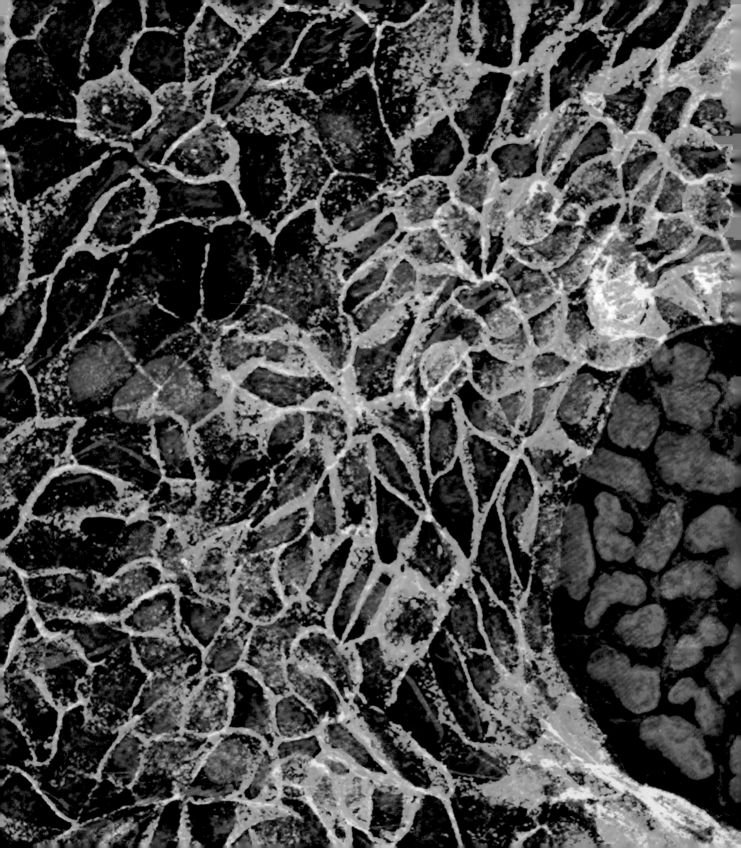

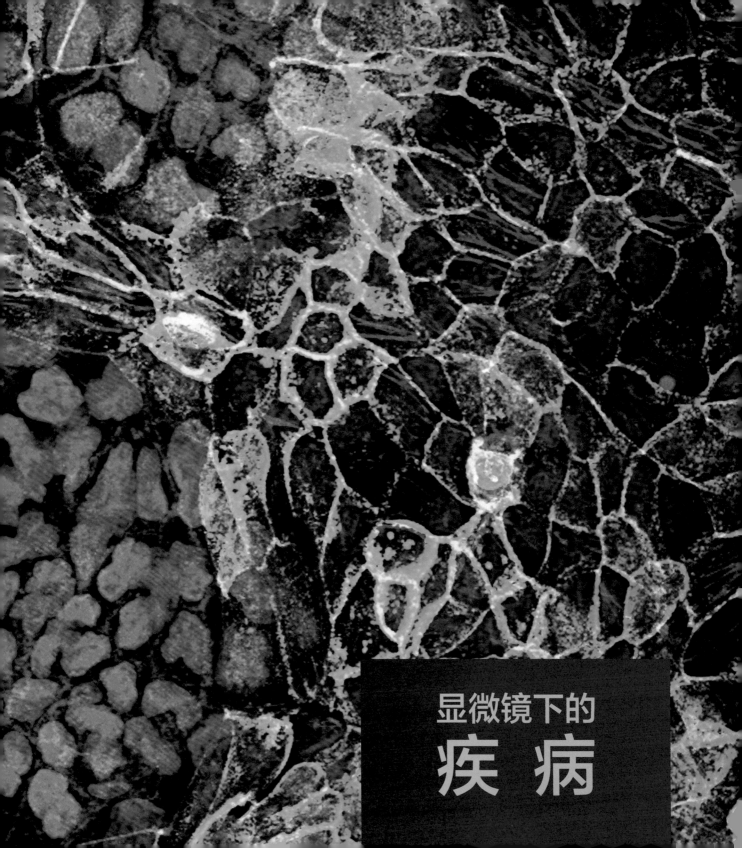

显微镜下的
疾 病

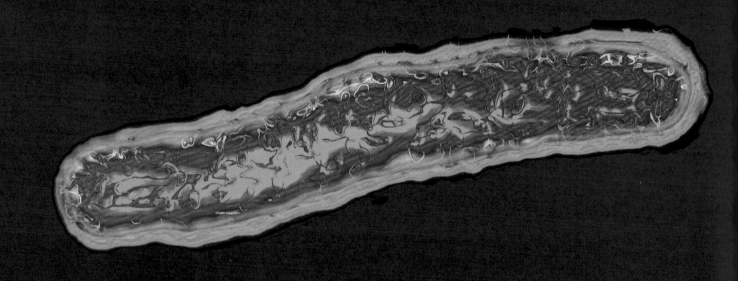

篇章页图：上皮癌细胞（免疫荧光显微镜图像）

　　上皮细胞主要位于器官腔道和皮肤表面。这幅图应用了荧光染料标记不同种类的蛋白质。图中的蓝色结构是 DNA（脱氧核糖核酸），是细胞的遗传物质。图中的绿色结构是 E– 钙粘蛋白，能够使上皮细胞彼此紧密联结。这种蛋白分子在普通的细胞中大量存在，然而在癌细胞（位于图像中心）中则十分缺乏。图中红色部分是细胞内的结构纤维。（放大倍数：未知）

上图：结核分枝杆菌（彩色光学显微镜图像）

　　这条紫色的"蠕虫"是结核分枝杆菌，它是一种致病细菌，其典型感染部位为肺部，导致人呼吸困难，甚至肺动脉损伤破裂。它所导致的肺部感染称之为肺结核。这种细菌主要靠飞沫传播，因此被称为"咳嗽和打喷嚏传播"的疾病。全球每年有近 200 万人死于肺结核。（放大倍数：50000 倍，原图尺寸为 10cm×10cm）

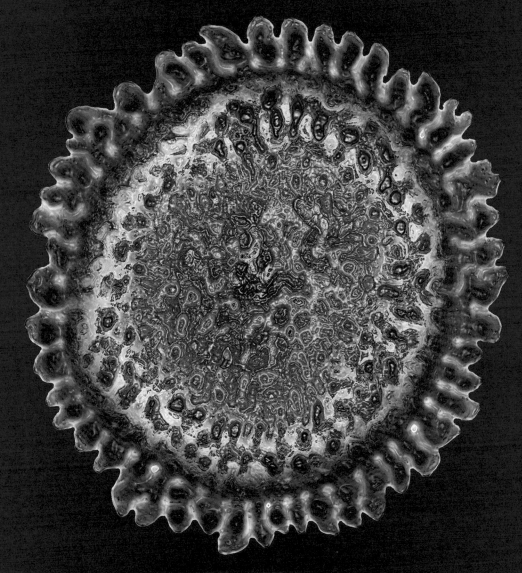

禽流感病毒 H5N1（彩色和过滤透射电子显微镜图像）

　　H5N1 病毒能够引发一种严重的传染性呼吸道疾病 —— 禽流感。
这种病毒首先感染鸟类（特别是东南亚的鸟类），并由此传播给人
类，而至于人与人之间是否会相互传播，目前尚无确切证据。历史上
有很多病毒导致疾病大爆发的事例，如 1918 年的西班牙大流感、1968
年的中国香港流感和 2009 年的猪流感，这些病毒同禽流感 H5N1 病毒
一样，都属于正黏病毒科。（放大倍数：未知）

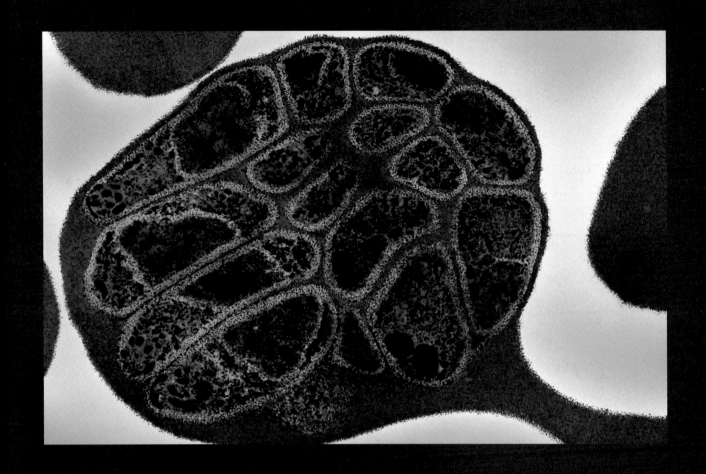

前页图：正在吞噬结核菌的巨噬细胞（彩色扫描电子显微镜图像）

巨噬细胞是一种人体免疫细胞，能够吞噬并清除病原体、死细胞和细胞碎片。巨噬细胞正常状态下呈圆形，而图中所示的巨噬细胞（红色）则延伸出了许多伪足，包裹结核分枝杆菌（黄色），将其吞入体内分解消化。（放大倍数：750 倍，原图尺寸为 10cm×10cm）

上图：被疟原虫感染的红细胞（彩色透射电子显微镜图像）

图中是被疟原虫（蓝色）感染的红细胞（红色）。疟原虫是单细胞生物，分布在红细胞膨胀的区域。疟原虫是疟疾的病原体，疟疾是一种由热带蚊子（按蚊）叮咬引发的传染病。疟原虫首先攻击肝脏细胞，随后扩散到血液，在红细胞中不断复制繁殖。疟原虫成熟后，会裂解红细胞并释放出子代，继续感染更多的红细胞，患者会出现发热与打寒战间断出现的表现。疟疾感染时常是致命的。（放大倍数：13000 倍，原图尺寸为 5cm×7cm）

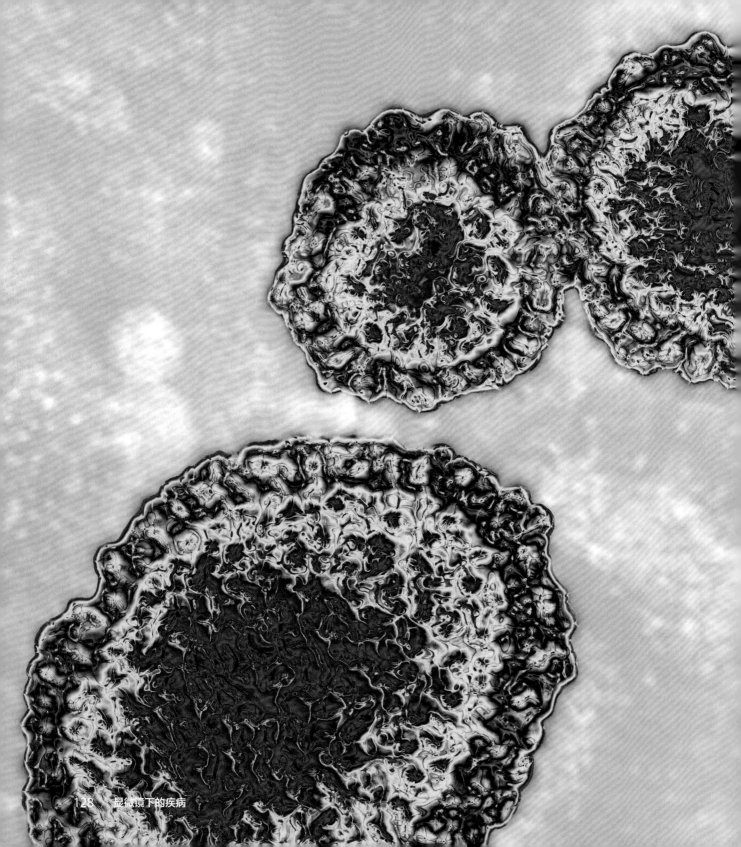

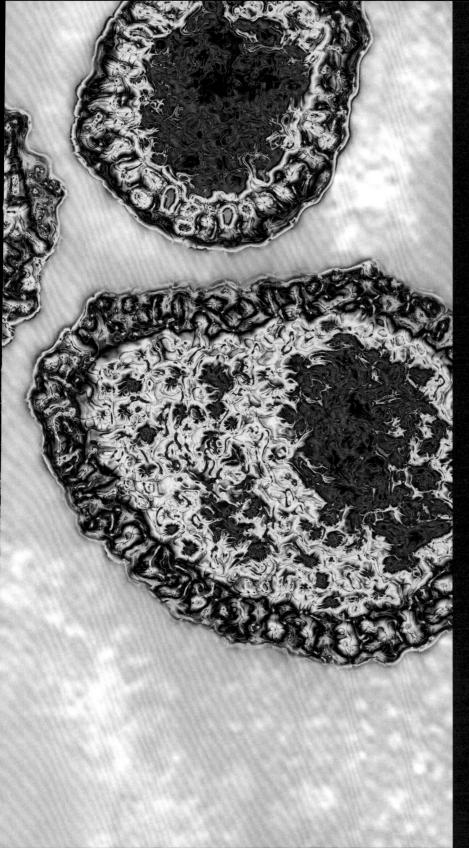

甲型 H1N1 流感病毒颗粒（彩色透射电子显微镜图像）

甲型流感病毒既可以感染人类也可以感染动物如猪、鸟、马等。H1N1 型流感病毒导致了 2009 年的猪流感爆发。病毒的核心是它的遗传物质（核糖核酸，粉色），外部被蛋白质外壳包裹（黄色）。在这些外壳骨架的外面是来自宿主细胞的脂肪包膜（绿色）。包膜含有两种蛋白质 —— 血凝素（HA）和神经氨酸苷酶（NA）（分别代表流感病毒名称中的 H 和 N），它们的含量决定了病毒的种类。（放大倍数：未知）

胆结石晶体（彩色扫描电子显微镜图像）

胆结石主要由胆固醇组成，还含有少量钙和胆红素（衰老红细胞的分泌物）。肝细胞产生的胆汁，通过胆囊暂时储存最后进入小肠，当胆汁化学成分失衡时，便可能产生胆结石。一般情况下，胆结石患者并没有特殊不适症状，但如果结石将胆管堵塞，便会引起剧烈急性疼痛、黄疸和细菌感染。这时我们可以通过药物或手术切除胆囊的方式来进行治疗。（放大倍数：750 倍，原图尺寸为 10cm×10cm）

阴道癌细胞（彩色扫描电子显微镜图像）

阴道癌常发于 60 岁以上的女性，主要是鳞状细胞癌（简称鳞癌）。如图所示，鳞状细胞扁平多面，为上皮细胞的一部分。皮肤的表皮即是一种上皮组织，因此鳞状细胞癌是最常见的皮肤癌之一。图中鳞状细胞表面有大量的微绒毛（小突起），这是癌细胞的典型特征。（放大倍数：1000倍，原图尺寸为 10cm×10cm）

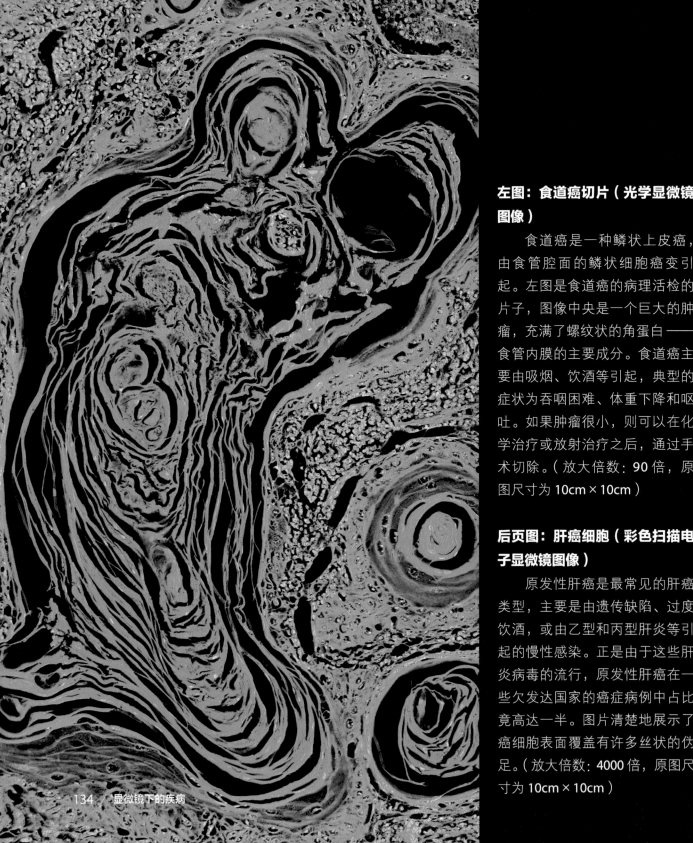

左图：食道癌切片（光学显微镜图像）

食道癌是一种鳞状上皮癌，由食管腔面的鳞状细胞癌变引起。左图是食道癌的病理活检的片子，图像中央是一个巨大的肿瘤，充满了螺纹状的角蛋白——食管内膜的主要成分。食道癌主要由吸烟、饮酒等引起，典型的症状为吞咽困难、体重下降和呕吐。如果肿瘤很小，则可以在化学治疗或放射治疗之后，通过手术切除。（放大倍数：90倍，原图尺寸为 10cm×10cm）

后页图：肝癌细胞（彩色扫描电子显微镜图像）

原发性肝癌是最常见的肝癌类型，主要是由遗传缺陷、过度饮酒，或由乙型和丙型肝炎等引起的慢性感染。正是由于这些肝炎病毒的流行，原发性肝癌在一些欠发达国家的癌症病例中占比竟高达一半。图片清楚地展示了癌细胞表面覆盖有许多丝状的伪足。（放大倍数：4000倍，原图尺寸为 10cm×10cm）

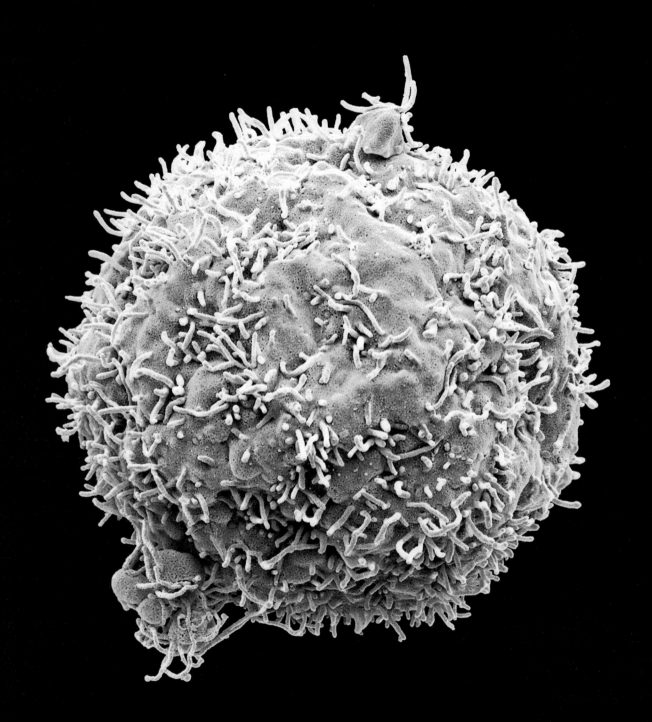

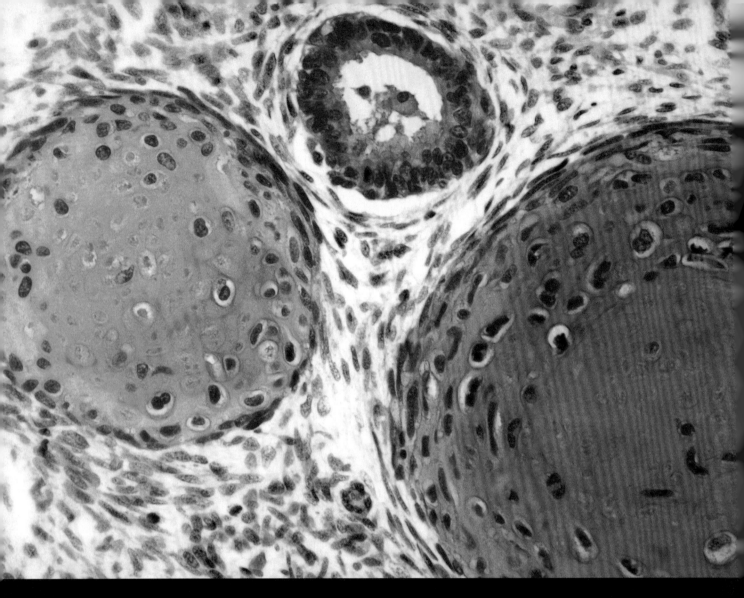

上图：睾丸癌切片（光学显微镜图像）

　　睾丸畸胎瘤是一种罕见的癌症，上图是它的横断面。源于胚胎细胞的畸胎瘤是天生的，发生于组织或器官的周围，如头发或牙齿，位置因人而异，通常是良性的。如果是源于睾丸的畸胎瘤，则很有可能是恶性的肿瘤，它们一般情况下是睾丸上的一个无痛、无特殊症状的小肿块。（放大倍数：20倍，原图尺寸为10cm×10cm）

后页图：乳腺癌切片（光学显微镜图像）

　　图中是最常见的一种乳腺癌——乳腺导管癌的细胞（粉色），由乳腺导管上皮细胞癌变引起。癌细胞周围的基质（黄色）是乳腺组织，呈纤维状，内含大量的白细胞——淋巴细胞和血浆细胞，其皆属于人体的免疫细胞。肿瘤浸润淋巴细胞的高水平表达，往往是癌症治疗预后较好的标志。（放大倍数：200倍，原图尺寸为10cm×10cm）

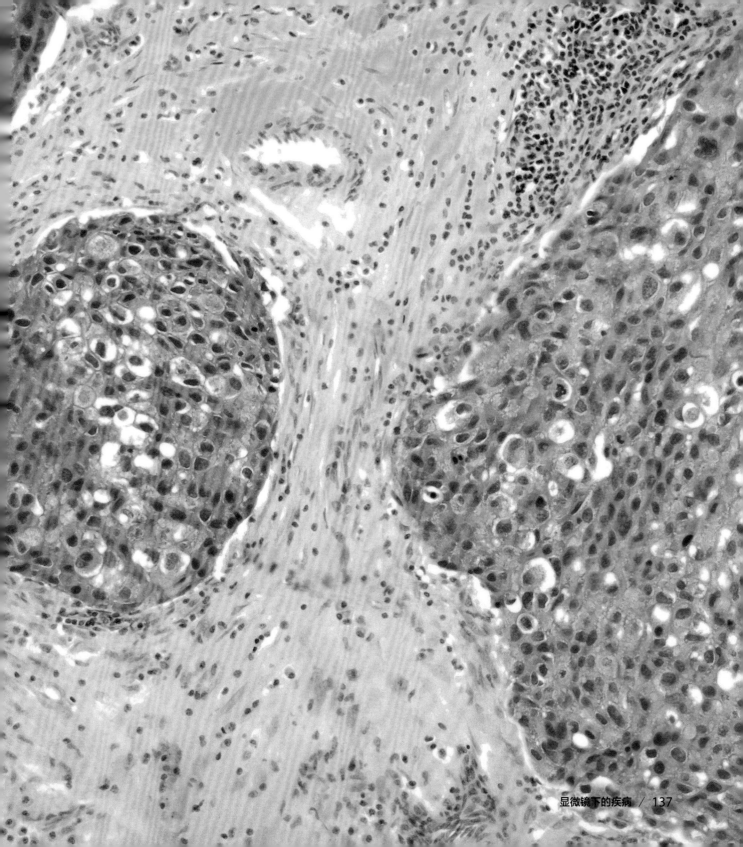

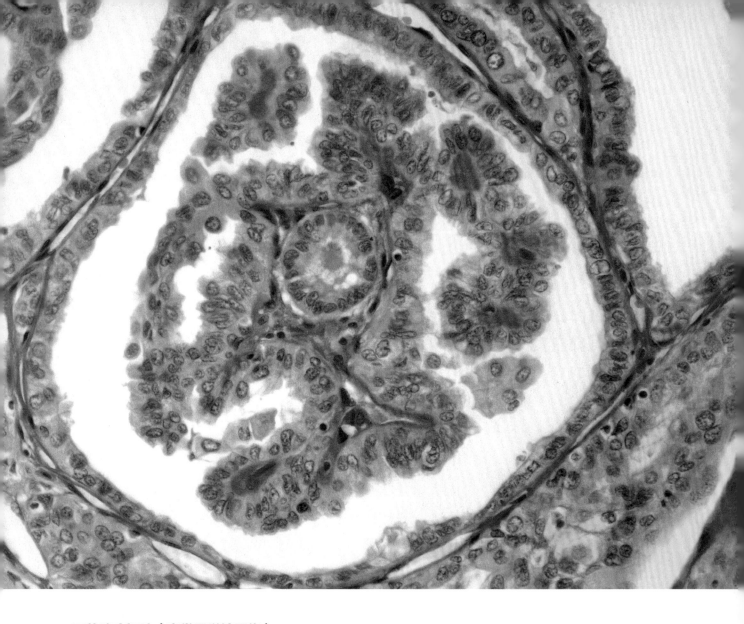

甲状腺癌切片（光学显微镜图像）

甲状腺癌十分少见，四分之三为乳头状腺癌（上图为其横断面）。在甲状腺滤泡（能产生激素）围成的腔内，壁上（粉色）排列着激素生成细胞（黄色）。当细胞癌变时，细胞核（绿色）趋于重叠，它们看起来很"空"并着色均匀。甲状腺癌发展缓慢，治疗后生存率高。（放大倍数：100倍，原图尺寸为10cm×10cm）

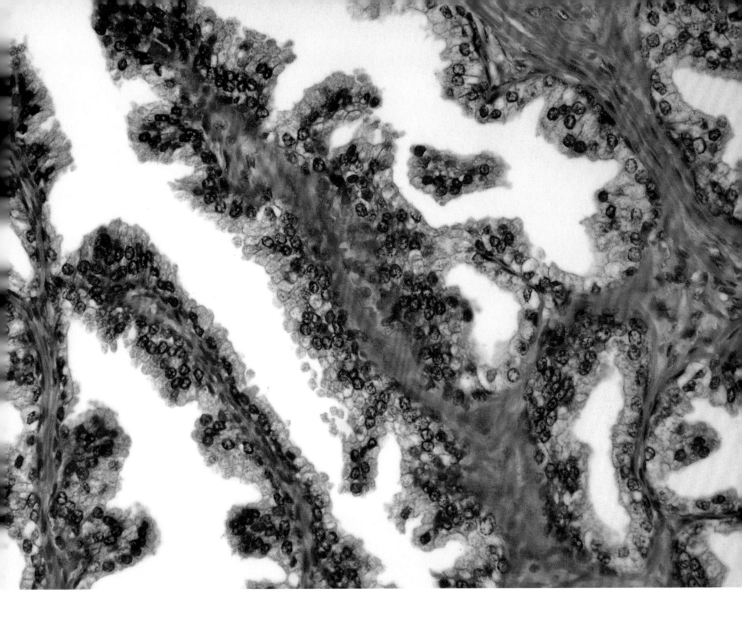

前列腺癌切片（光学显微镜图像）

　　前列腺能够分泌一种乳白色的液体（前列腺液），作为精液中的成分，约占精液的一半，有助于精子的运动。大多数前列腺癌发展缓慢，且不易被发现。但有些前列腺癌的侵袭性很强，在英国，前列腺癌是男性癌症患者最常见的死亡原因。上图切片显示了异常前列腺典型的增大的细胞核（紫色）。（放大倍数：200倍，原图尺寸为10cm×10cm）

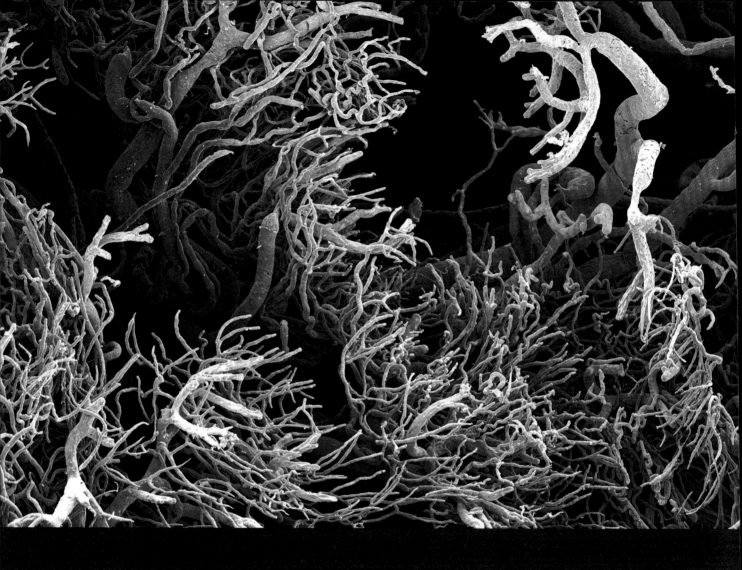

肿瘤血管（彩色扫描电子显微镜图像）

　　这是肠道肿瘤周围血管分支网络的树脂铸模，这些血管为肠道肿瘤提供血液。肿瘤是一种可以无限增殖的组织，它能够引发新血管的生成，为肿瘤的无限增殖提供充足的血液。这时的血管也不再正常有序，而是像图中这样错综复杂。如果这个肿瘤是恶性的，它便会侵袭

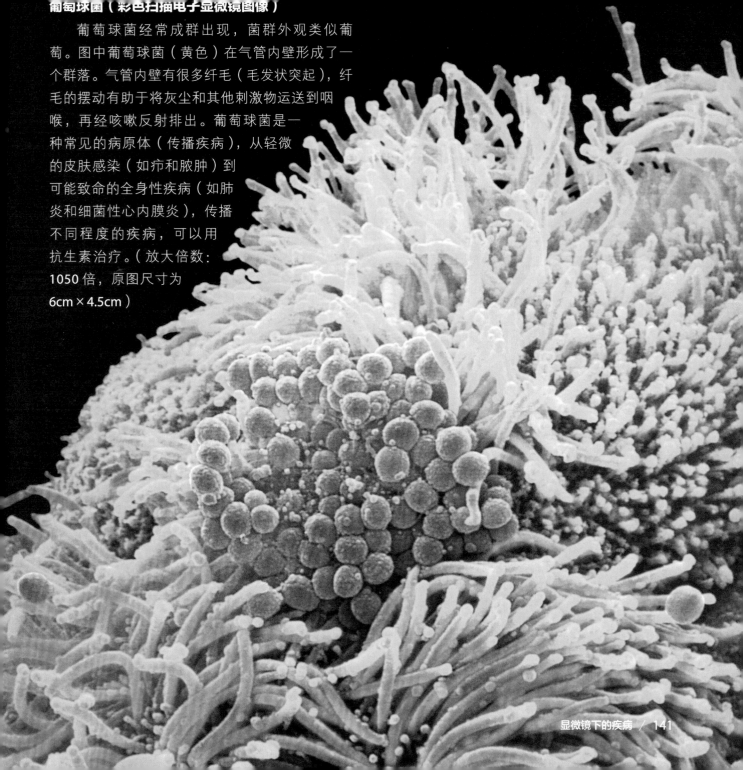

葡萄球菌（彩色扫描电子显微镜图像）

　　葡萄球菌经常成群出现，菌群外观类似葡萄。图中葡萄球菌（黄色）在气管内壁形成了一个群落。气管内壁有很多纤毛（毛发状突起），纤毛的摆动有助于将灰尘和其他刺激物运送到咽喉，再经咳嗽反射排出。葡萄球菌是一种常见的病原体（传播疾病），从轻微的皮肤感染（如疖和脓肿）到可能致命的全身性疾病（如肺炎和细菌性心内膜炎），传播不同程度的疾病，可以用抗生素治疗。（放大倍数：1050 倍，原图尺寸为6cm×4.5cm）

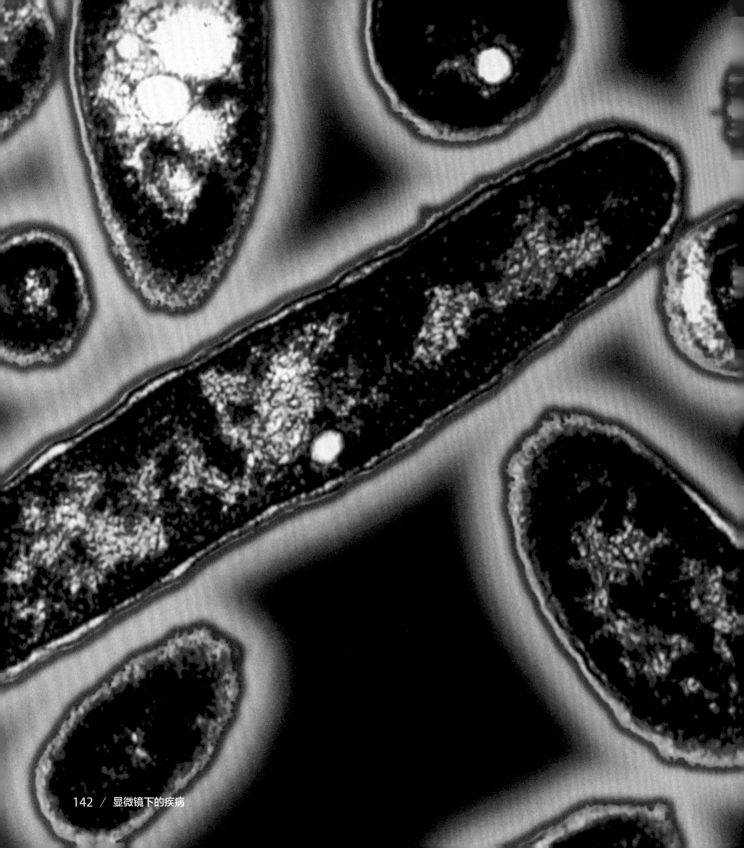

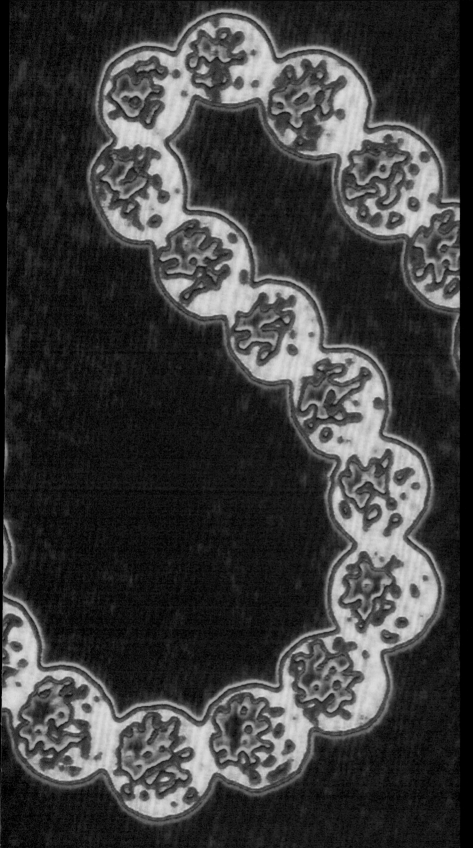

前页图：军团菌（彩色透射电子显微镜图像）

图中是各个视角的军团菌，图中央是它典型的杆状结构。在1976年美国退伍军人大会上，一场神秘的肺炎爆发，导致了29人死亡。这就是历史上著名的军团病。嗜肺军团菌是军团病的病原体，它们隐藏在水箱、淋浴喷头和空调中。军团菌在阿米巴原虫体内繁殖，得益于宿主的保护，它们可以躲避氯化物等杀菌剂。（放大倍数：20000倍，原图尺寸为5cm×7cm）

左图：化脓性链球菌（彩色透射电子显微镜图像）

化脓性链球菌常见于鼻咽部。不同于葡萄球菌的葡萄状菌群，化脓性链球菌沿一个平面分裂增殖，常排列成链状。它的致病菌株能引起皮肤感染（如脓疱疮）、分娩后子宫感染（产后脓毒症）、血液感染（败血症）和猩红热。它也是儿童咽喉肿痛和扁桃体炎的主要病因。对抗化脓链球菌通常采用青霉素类药物。（放大倍数：7000倍，原图尺寸为6cm×4.5cm）

右图：唾液链球菌（彩色扫描电子显微镜图像）

图中这些畸形的"网球"是链球菌，它们在人出生后的几个小时内就在口腔和上呼吸道定居。唾液链球菌是第一个附着在牙菌斑上的细菌，可以加速蛀牙发展。它通常是无害的，但进入血液则可能引起败血症。唾液链球菌通过改变身体表面的蛋白质来伪装自己，避免被识别，抵抗人体免疫系统的反应。（放大倍数：5335 倍）

后页图：大肠杆菌（彩色扫描电子显微镜图像）

第一次看到这幅图，你可能以为这些是用于装饰蛋糕的彩色糖果，其实它们是经过染色的大肠杆菌。它们通常是无害的，甚至可以产生维生素 K2 来帮助机体对抗其他细菌。然而，如果大肠杆菌繁殖得过快，人体免疫系统对其会失去控制。它的变异菌株能够导致肠胃炎，特别是在热带国家，很多旅行者因食物、水土等因素导致腹泻。除此以外，90% 的尿路感染也是由大肠杆菌引起的。（放大倍数：3000 倍，原图尺寸为 6cm×7cm）

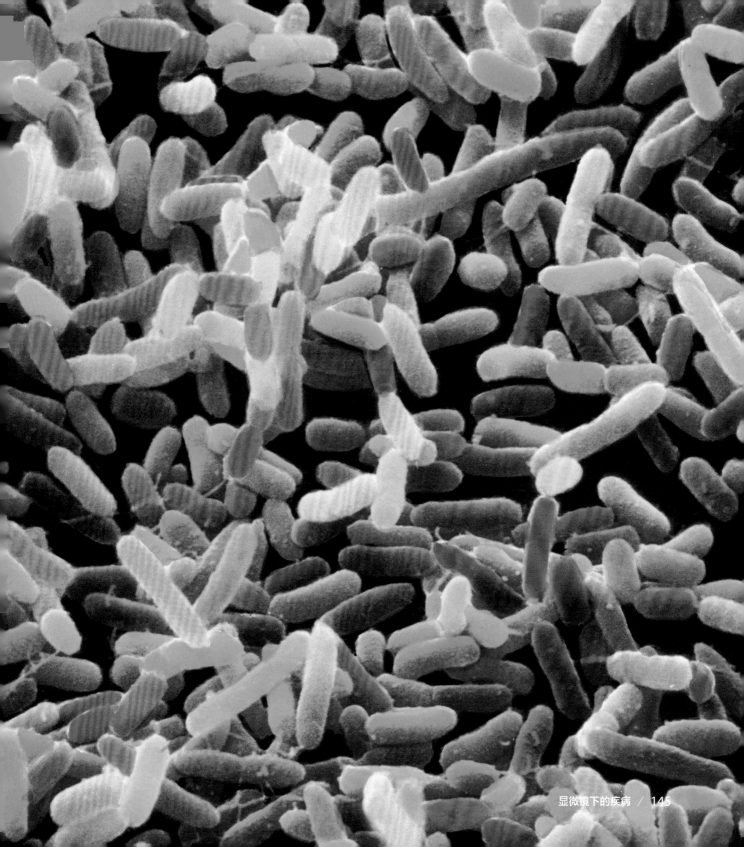

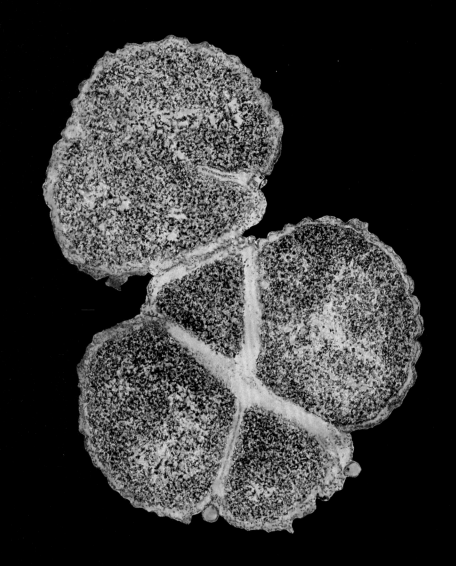

上图：脑膜炎双球菌（彩色透射电子显微镜图像）

    脑膜炎双球菌能够感染连接大脑和脊髓的组织，引起细菌性脑膜炎。主要症状表现为头痛、发烧、肌肉僵硬和神志不清，通常用抗生素进行治疗。脑膜炎双球菌通过飞沫传播，是一种人类特有的寄生虫，因此它需要依赖宿主细胞进行繁殖。在这张图中，下层细胞经历了两次细胞分裂，产生了四个子细胞。而上层细胞正在准备进行分裂。（放大：42500 倍，原图尺寸为 6cm×7cm）

后页图：扩大的心脏（彩色 X 光图像）

    这是两张分别从病人左右两侧观察的心脏（图中央的光团）图像。病人服用了钡餐，使得咽部及食管（粗大的橙色带状）在 X 光下可见。X 光还显示左心室变大，就像任何肌肉一样。这是由于工作量增加，左心室必须加大抽气量，以克服二尖瓣薄弱的问题。（放大倍数：未知）

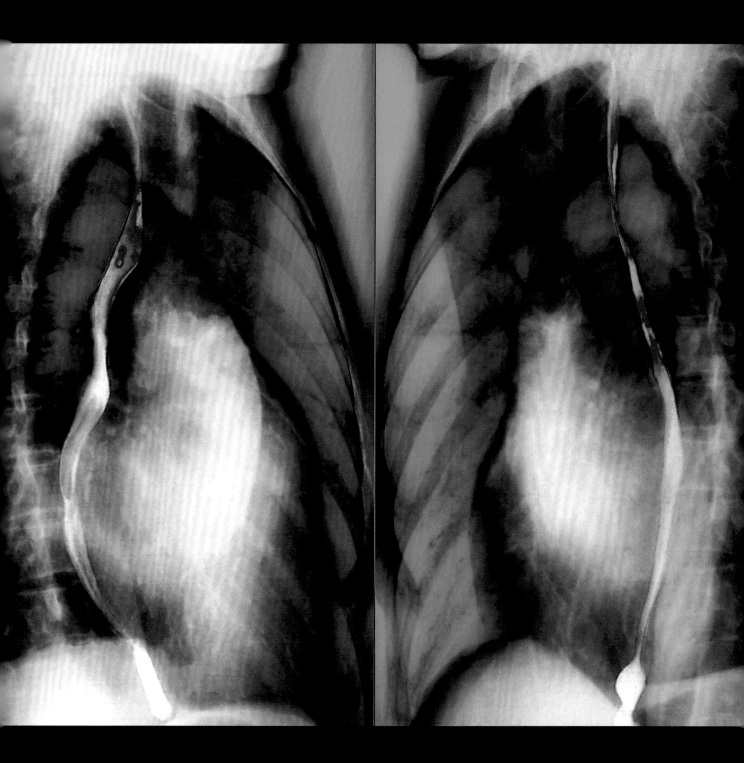

心脏病发作后的心脏（彩色闪烁图）

　　这张图显示了心肌细胞对放射性同位素 ——
铊 −201 的摄取情况。健康的心肌部分呈淡紫色、绿
色和浅蓝色。冠状动脉阻塞会导致心脏供血不足，引
发心脏病，使心肌部分死亡，如左下方两个蓝色区域
之间的深红色断裂处所示。这种扫描还可用于监测
心脏在静息和运动时的表现。（放大倍数：未知）

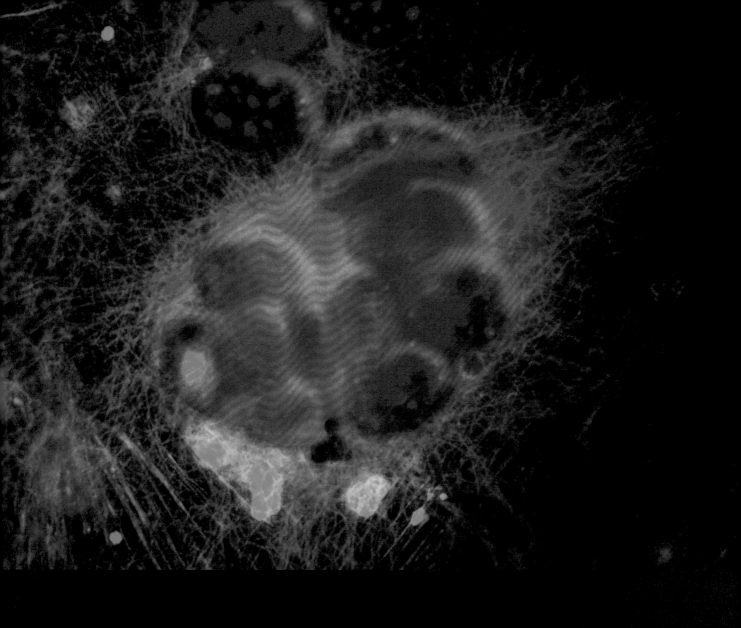

疱疹病毒感染的细胞（免疫荧光反褶积显微镜图像）

疱疹病毒大约在 2 亿年前出现。据估计，当时大约有 90% 的人感染了其 130 种亚型中的一种。疱疹病毒可以终生留在人体内，主要有三大类。这张图片显示的是被 γ 疱疹病毒感染的细胞。这个细胞有多个细胞核（蓝色），可以清晰地显示细胞质内的蛋白质微管（红色）和肌动蛋白（绿色）。（放大倍数：未知）

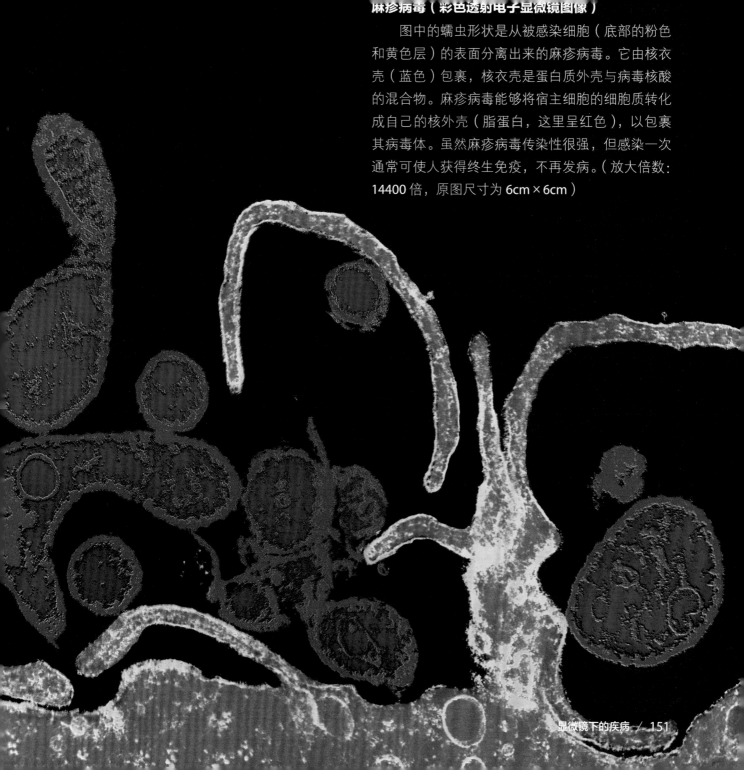

麻疹病毒（彩色透射电子显微镜图像）

图中的蠕虫形状是从被感染细胞（底部的粉色和黄色层）的表面分离出来的麻疹病毒。它由核衣壳（蓝色）包裹，核衣壳是蛋白质外壳与病毒核酸的混合物。麻疹病毒能够将宿主细胞的细胞质转化成自己的核外壳（脂蛋白，这里呈红色），以包裹其病毒体。虽然麻疹病毒传染性很强，但感染一次通常可使人获得终生免疫，不再发病。（放大倍数：14400 倍，原图尺寸为 6cm×6cm）

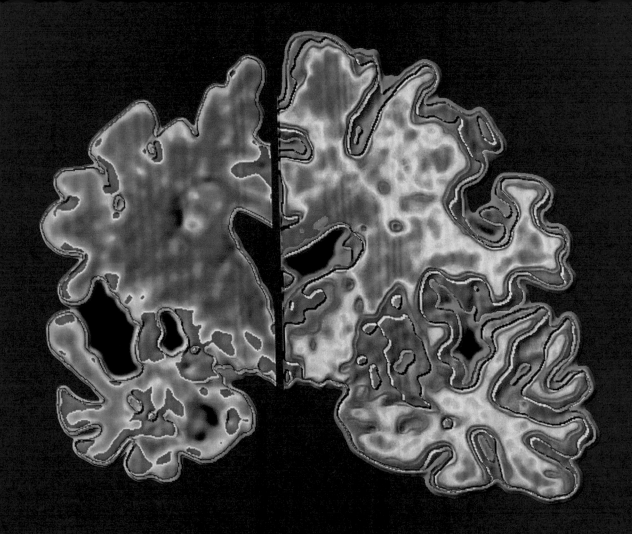

上图：阿尔茨海默病患者的大脑（计算机处理的冠状核磁共振扫描图像）

　　阿尔茨海默病是大多数老年痴呆症的致病原因，其症状包括失忆、迷失方向、人格改变和妄想等，最终会导致死亡。这两张大脑横断面将阿尔茨海默病患者的大脑（左图）和健康人的大脑（右图）进行了对比。由于神经细胞的退化和死亡，阿尔茨海默病患者的大脑（棕色）明显发生了萎缩。除了脑容量减少，大脑的表面也折叠得更深。（放大倍数：未知）

后页图：肌营养不良的肌肉组织（共聚焦光学显微镜图像）

　　这张图片显示了肌肉萎缩症（一种导致肌肉萎缩和功能丧失的遗传性疾病）病人肌肉组织的横截面。其中包括：肌肉纤维（紫色）、支持肌肉纤维的间充质组织（绿色和黄色）和脂肪组织（黑色）。这个例子说明了脂肪化生[①]的过程，即肌肉被脂肪所取代，此为肌肉萎缩症的典型症状。（放大倍数：未知）

① 一种分化成熟的组织转变成另一种成熟组织可逆转的适应现象。——译者注

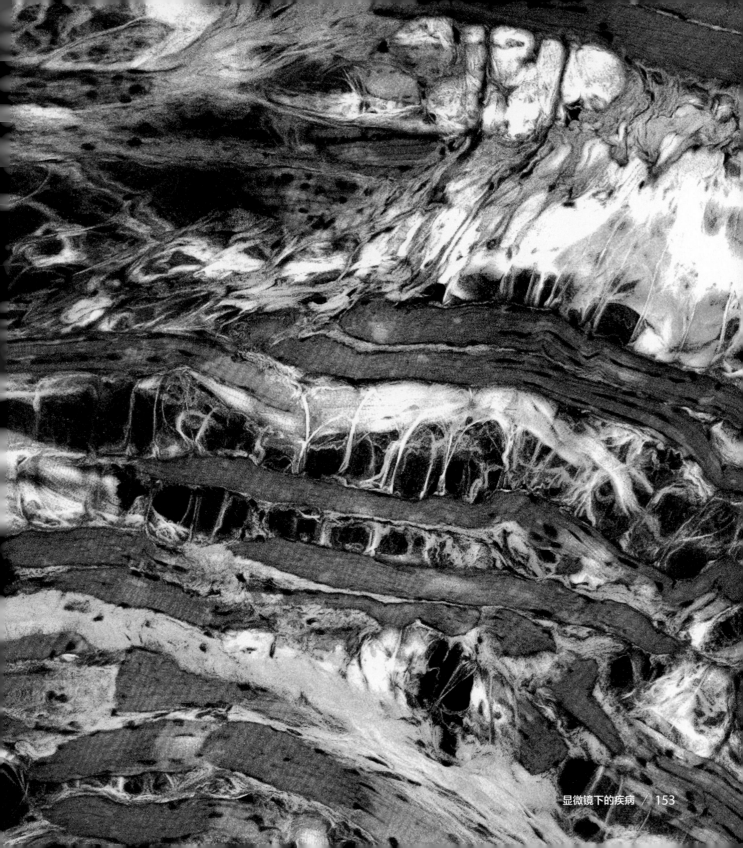

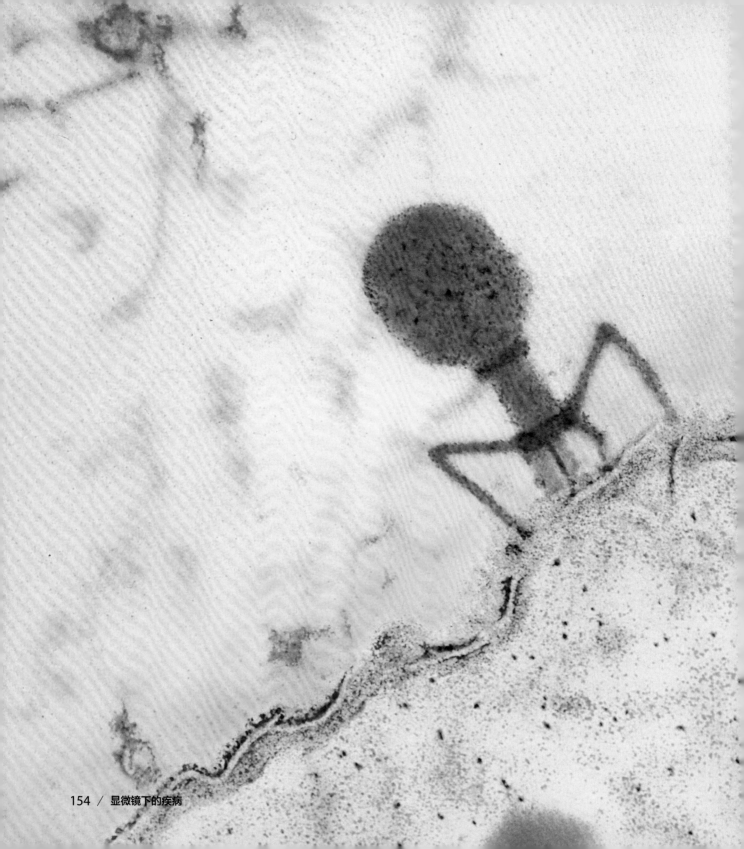

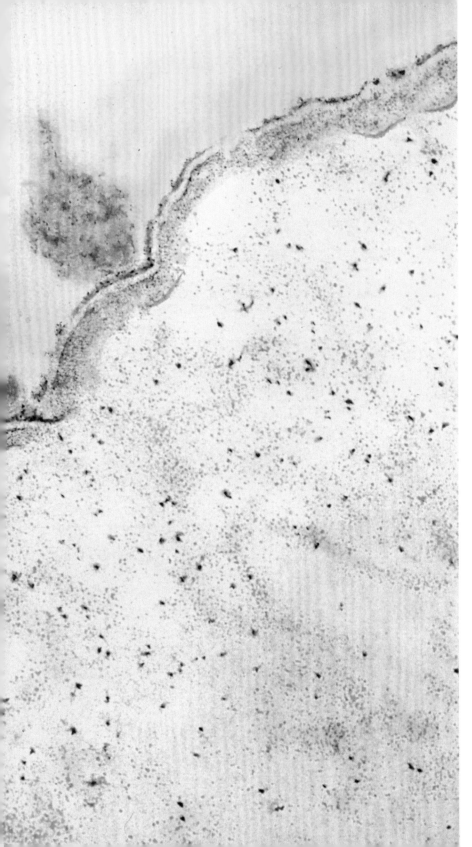

噬菌体（彩色透射电子显微镜图像）

　　噬菌体病毒能够感染细菌，图中所示为 T4 噬菌体（橙色），它刚刚将其病毒 DNA 注入大肠杆菌（蓝色）。噬菌体被仿蜘蛛尾般的纤维固定在细胞表面，该纤维能够收缩尾鞘使刺突穿破细胞膜，将头部的病毒 DNA 注入细菌中进行复制。子代噬菌体在细菌体内生长，最终杀死并离开宿主细胞，整个过程只需要 30 分钟。（放大倍数：65000 倍，原图尺寸为 6cm×7cm）

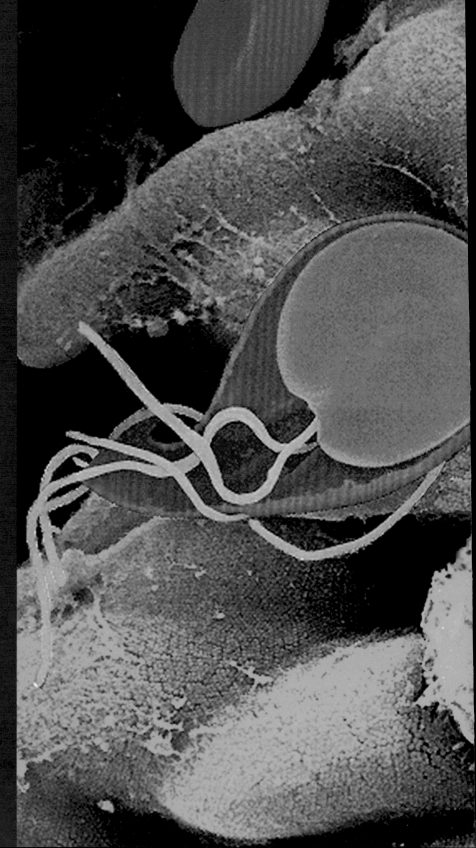

右图：沙门氏菌（彩色扫描电子显微镜图像）

这些杆状的细菌（粉色）是一大群鼠伤寒沙门氏菌，它们能够在血平板上生长。它们的线状鞭毛（绿色）可以用来运动。该沙门氏菌能够引起伤寒，通过食物传播，是引起人类食物中毒（沙门氏菌病）的主要原因。这些细菌通常感染家禽和蛋类食物，未充分煮熟的猪肉和牛肉是细菌的潜在来源。鼠类是这些细菌的常见携带者。（放大倍数：3900 倍，原图尺寸为10cm×10cm）

后页图：贾第虫（彩色扫描电子显微照片）

贾第虫（紫色）是一种肠道寄生虫，常见于热带地区，能够引起贾第虫病。它通过受污染的食物和水传播，能够引发腹痛、腹泻和恶心等症状。贾第虫栖息于食道，使食道内壁变平（绿色），从而影响消化。贾第虫可以在人类和其他物种之间传播，如狗、猫、牛、马和海狸，因此在一些地区贾第虫病也被称为海狸热。（放大倍数：6000 倍，原图尺寸为 10cm×10cm）

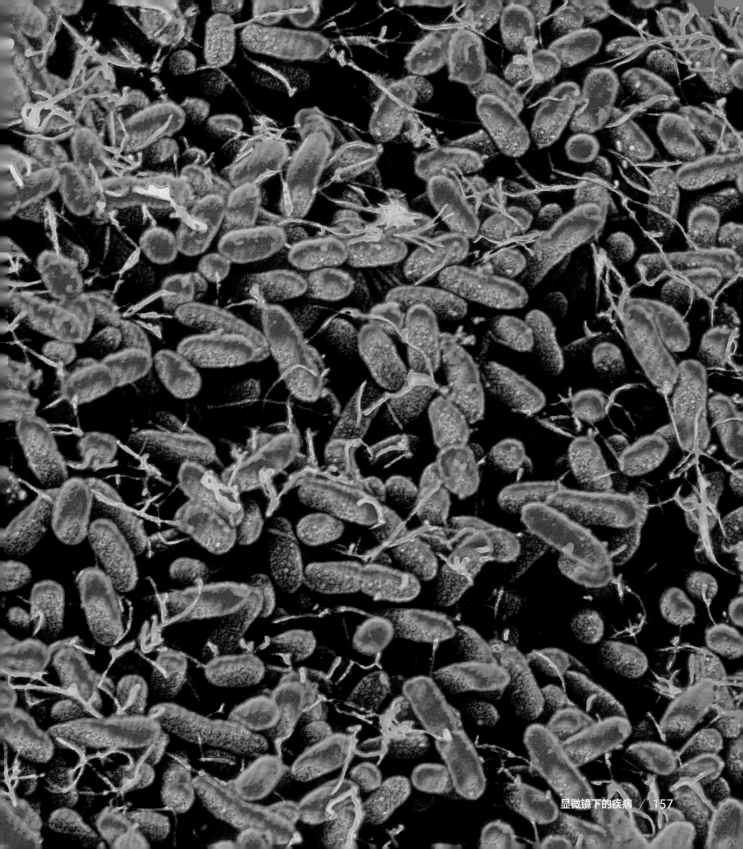

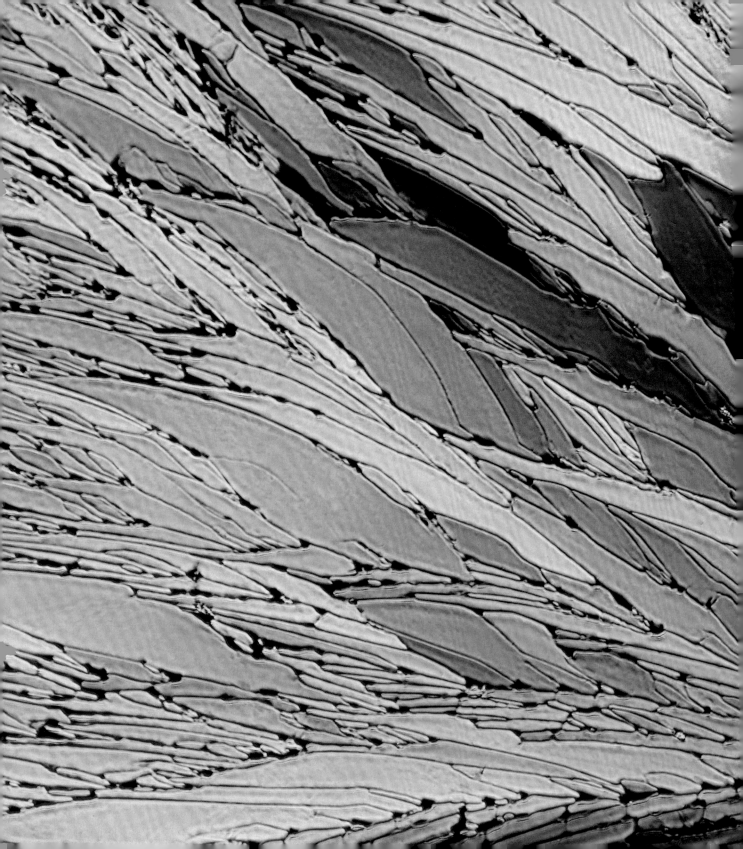

显微镜下的
药物

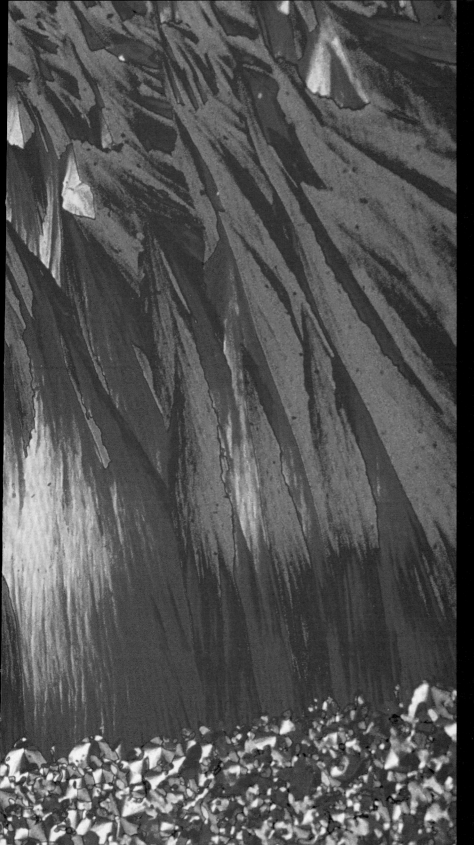

篇章页图：二甲双胍晶体（偏振光显微镜图像）

这些彩色的"玻璃碎片"是用来治疗糖尿病的经典药物——二甲双胍的晶体。二甲双胍主要用于治疗 II 型糖尿病（也称非胰岛素依赖型糖尿病）。它可以抑制肝糖原分解，从而控制血糖水平。它也可以降低血液中的低密度脂蛋白（也称"坏的胆固醇"）和甘油三酯（携带饱和脂肪）的水平，从而降低肥胖型糖尿病患者患心脏病的风险。（放大倍数：220 倍，原图尺寸为 10cm×10cm）

左图：紫杉醇晶体（偏振光显微镜图像）

紫杉醇是一种用于化疗的药物，于 1964 年首次被提取出来。经临床验证，它具有良好的抗肿瘤作用，特别是针对癌症发病率较高的肺癌、乳腺癌和卵巢癌。紫杉醇是一种天然的抗癌药物，由太平洋紫杉（一种短叶紫杉）树皮内的真菌产生。这种树只存在于北美的太平洋沿岸，已经濒临灭绝。因此，如何在实验室合成这种药物成为科学家们研究的重点。（放大倍数：25 倍，原图尺寸为 6cm×7cm）

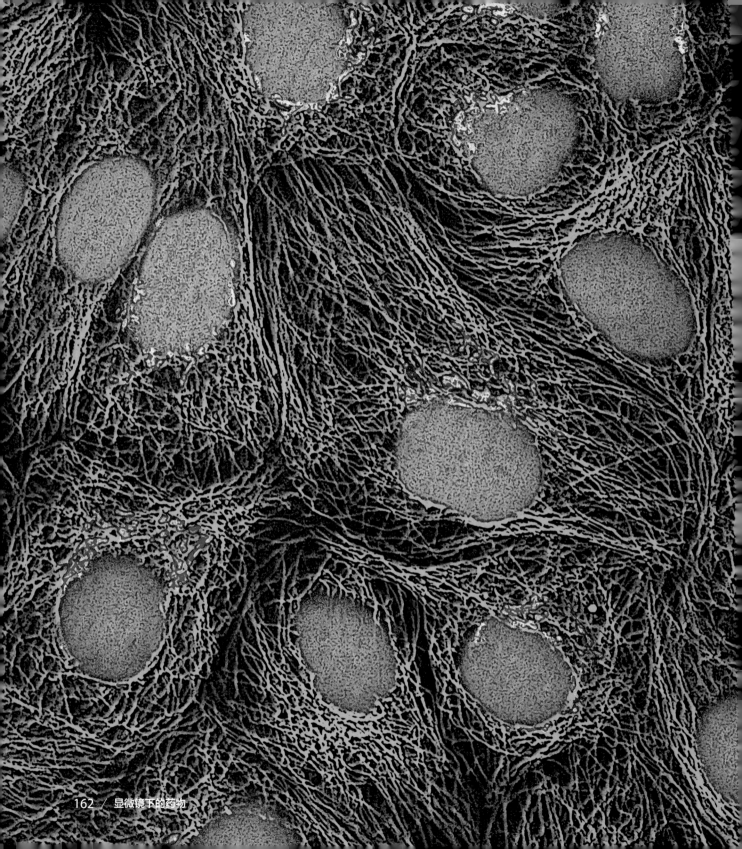

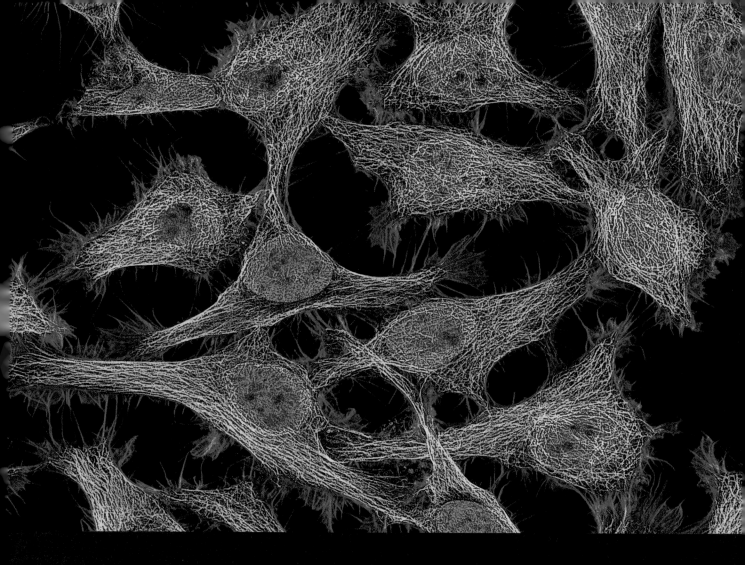

前页图：海拉细胞（多光子荧光显微镜图像）

海拉细胞是人工培养的用于医学研究的人类癌细胞。在适宜的条件下，它们可以无限增殖，不会衰老致死。如图所示，细胞核（蓝色）携带了细胞的遗传信息，高尔基体（橙色）负责修改、组装蛋白质，微管（绿色）是一种细胞骨架，可以维持细胞的生理形态，协助细胞的运动，并参与细胞内的物质运输。（放大倍数：未知）

上图：海拉细胞（多光子荧光显微镜图像）

海拉细胞属于癌细胞，是一种重要的研究工具，源自亨丽埃塔·拉克（Henrietta Lack）的宫颈癌细胞的细胞系。拉克是一名宫颈癌患者，于1951年去世，然而海拉细胞却永远不会死亡。在适宜的实验室环境下，海拉细胞可以无限复制、繁殖。正是这一特性使得海拉细胞成为持续研究的稳定对象。图中细胞核（紫色）、微管（蓝色）和微肌动蛋白（红色）构成了细胞的骨架。（放大倍数：未知）

右图：偏头痛药物晶体（偏振光显微镜图像）

想必偏头痛患者对偏头痛药物并不陌生，其主要包含粉色和黄色两种片剂。前者需要先服用，能够缓解恶心症状；而后者则可以用来减轻头痛的症状。图中所示晶体来自粉色片剂，由对乙酰氨基酚（96%），以及少量的磷酸可待因、盐酸布克利嗪和二辛基磺酸琥珀酸钠组成。（放大倍数：8倍，原图尺寸为3.5cm×3.5cm）

后页图：阿司匹林晶体（偏振光显微镜图像）

阿司匹林（乙酰水杨酸）是一种镇痛药，能够缓解中度疼痛，减轻炎症和发烧症状。18世纪中期，人们通过咀嚼柳树皮来缓解疟疾症状。事实上，真正起作用的就是柳树皮内的活性成分——水杨酸，而阿司匹林正是从中提取出来的。然而水杨酸虽然效果很好，但是味道却不佳，因此化学家们研制出了乙酰水杨酸。阿司匹林能够抑制血液凝固，也可以用来预防冠心病等。（放大倍数：10倍，原图尺寸为3.5cm×3.5cm）

前页图：阿司匹林晶体（偏振光显微镜图像）

阿司匹林的有效成分是水杨酸，它是从柳树的树皮中提取的。早在古埃及时期人们就已经知道了柳树树皮的这种疗效。1763 年，英国牧师爱德华·斯通（Edward Stone）首次提取出了水杨酸；1897 年，德国拜耳制药公司的菲利克斯·霍夫曼（Felix Hoffmann）首次生产合成了阿司匹林。目前，阿司匹林被广泛用于治疗轻微的发烧与疼痛，全球每年消耗约 44093 吨。（放大倍数：未知）

上图：尿囊素晶体（偏振光显微镜图像）

人类的尿液中含有尿酸，而其他脊椎动物则能将尿酸转化为尿囊素。尿囊素存在于胎儿的尿液和母亲的羊水（用于保护未出生的胎儿）中，能够加速细胞再生，因此可以作为治疗伤口和烧伤的药膏的成分。同时，尿囊素也有软化皮肤的效果，用于制造许多类型的化妆品。（放大倍数：未知）

前页图和上图：舒喘灵晶体（彩色扫描电子显微镜图像）

  哮喘能够使肺部的小细支气管变得狭窄，从而发炎导致气喘和呼吸困难。这些是舒喘灵晶体，又叫硫酸沙丁胺醇晶体，是硫酸沙丁胺醇等药物的主要成分，可以用来治疗哮喘。与肾上腺素相似，它能够刺激肺部小细支气管周围的肌肉，使肌肉放松，从而打开气道，缓解哮喘症状。除了哮喘，硫酸沙丁胺醇也可用于治疗其他疾病，如使子宫肌肉松弛来延迟早产，以及缓解囊性纤维化和高钾血症等。（放大倍数：未知）

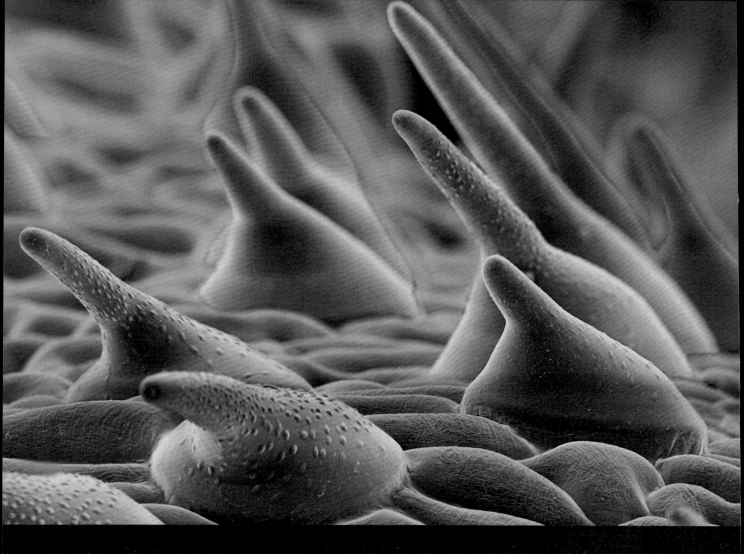

上图：大麻叶片表面的毛状体（彩色扫描电子显微镜图像）

    毛状体是植物茎和叶上的毛状结构。大麻叶片表面的毛状体是腺状的，能够分泌一种含有四氢大麻酚的树脂，这也是大麻用作药物时的活性成分。短期使用大麻治疗纤维性肌痛综合征和类风湿性关节炎等，可以减轻慢性疾病患者的疼痛，或者抑制艾滋病患者治疗后，以及患者化疗后产生的恶心感。然而长期使用大麻则可能对我们的记忆与认知

后页图：青霉孢子（彩色扫描电子显微镜图像）

    这些球状青霉孢子链又称分生孢子链，是青霉菌无性繁殖的产物。孢子没有性别 —— 只需要一个母体真菌便可以产生。青霉菌是一大类真菌，有300多种，大多数以腐烂的物质为食。一些青霉菌还可以产生青霉素抗生素，这正是药物的来源。除此以外，如卡蒙伯蒂青霉菌和罗克福尔蒂青霉菌，还可以被用来制作奶酪。（放大倍数：未知）

青霉菌（彩色扫描电子显微镜图像）

　　青霉菌是一种真菌，如图所示，它们仿佛是摆在花店的一簇簇鲜花。有特殊结构的分生孢子梗（粉色）末端是它的生殖单位——成簇的分生孢子（黄绿色）。有的青霉菌可以产生一种抗生素——青霉素。青霉素于 1928 年由亚历山大·弗莱明（Alexander Fleming）偶然发现，但由于当时技术不够先进，对它的认识并不够深刻。直到第二次世界大战，青霉素用于治疗伤口感染，其抗细菌感染的作用得到了证明。因此，弗莱明于 1945 年被授予了诺贝尔奖。（放大倍数：75 倍，原图尺寸为 10cm×10cm）

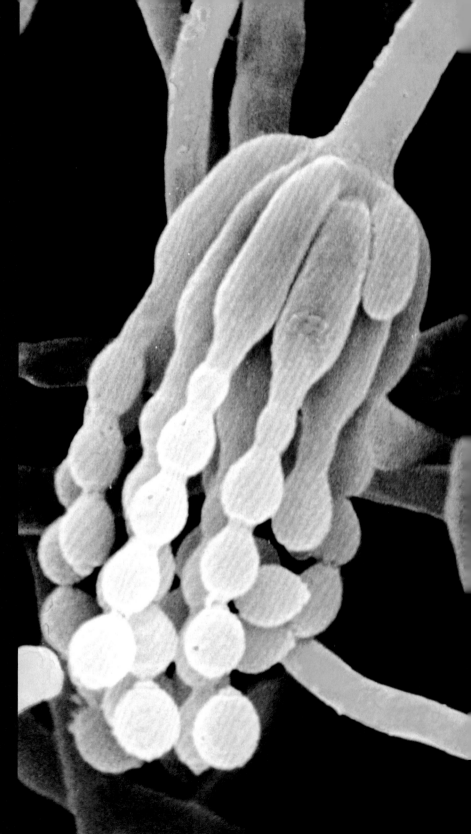

青霉菌（彩色扫描电子显微镜图像）

　　有的青霉菌能够产生青霉素，它们与发霉面包上的霉菌同属一个菌群。在这张图片中，青霉菌的菌丝呈绿色，分生孢子链呈蓝色。随着孢子的发育成熟，它们能够从母体真菌中分离出来，作为新的个体萌发成菌丝。作为抗生素的一种，青霉素最初由特异青霉产生，能够抵抗一定范围内的全部病菌。与之不同，现在大多的抗生素则更具有特异性，能够抵抗特定的微生物。（放大倍数：未知）

青霉菌（彩色扫描电子显微镜图像）

　　青霉菌是一种真菌，能够产生抗生素类药物 —— 青霉素。1928年，亚历山大·弗莱明首次发现了青霉素。当时他的细菌培养皿被青霉菌污染，随后他发现其周围的菌落被溶解，而这一发现也成为医学发展史上的里程碑。1945年，弗莱明因为发现青霉素而荣获诺贝尔奖。青霉菌的子代是分生孢子，它们一簇簇聚集在分生孢子梗上，如同一朵朵鲜花（粉色），而每个孢子最终都能萌发生成新的真菌。（放大倍数：未知）

青霉菌（微分干涉反差显微镜图像）

　　这些是生长在柠檬上的青霉菌。图中一个个圆形的结构是分生孢子 —— 青霉菌无性繁殖产生的子代。每个分生孢子串都生长在分生孢子梗 —— 青霉菌的一种特化结构之上。有的青霉菌能在抗生素和生物技术领域中发挥重要的作用，有的则可以应用于食品生产，如用于奶酪的乳酪青霉菌、能够提高熟肉的风味和保鲜的纳地青霉菌。（放大倍数：未知）

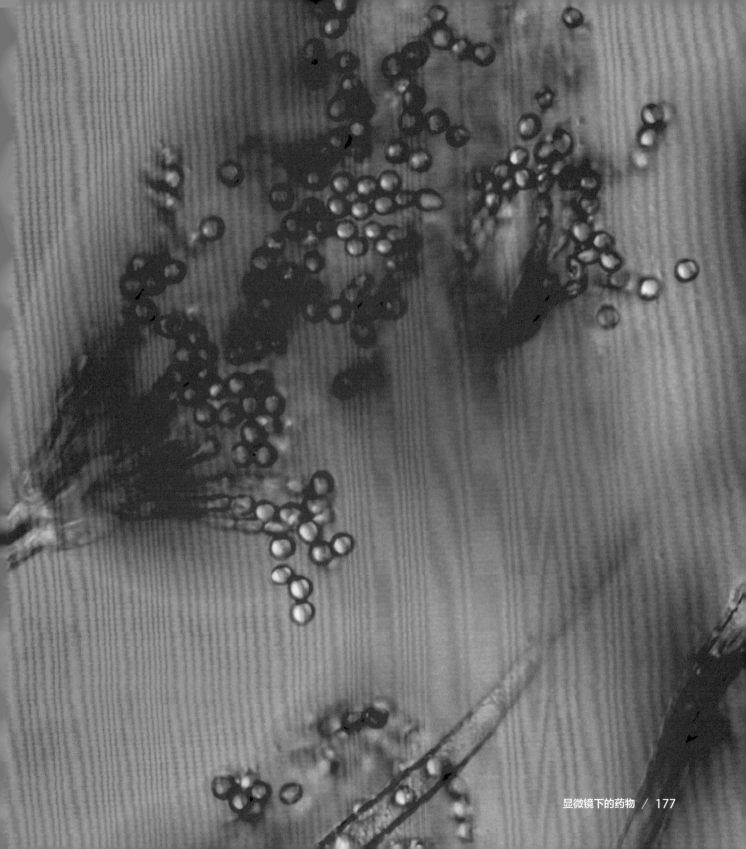

扑热息痛晶体（偏振光显微镜图像）

　　这些呈放射状的"花朵"是从溶液中结晶出来的扑热息痛晶体。扑热息痛是一种镇痛药和退烧药。它的名字源自其化学名全称——对乙酰氨基酚（PARa-ACETyl-AMino-phenOL）的音译。扑热息痛是非那西丁的代谢产物，二者具有相似的功能。1983年，非那西丁被发现能够增加某些癌症的患病风险，因而后来被扑热息痛取代。（放大倍数：未知）

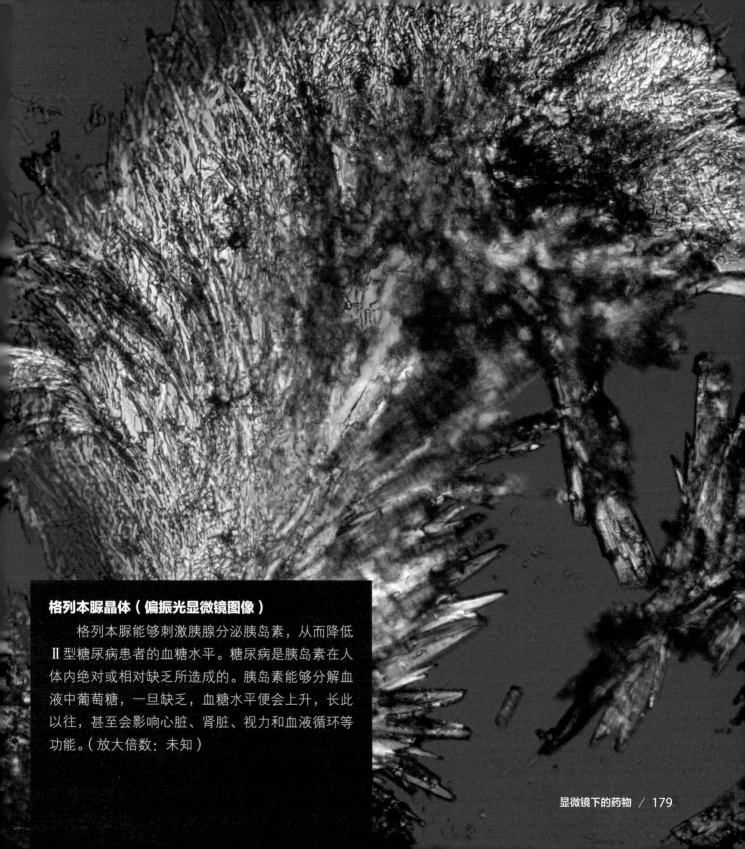

格列本脲晶体（偏振光显微镜图像）

　　格列本脲能够刺激胰腺分泌胰岛素，从而降低Ⅱ型糖尿病患者的血糖水平。糖尿病是胰岛素在人体内绝对或相对缺乏所造成的。胰岛素能够分解血液中葡萄糖，一旦缺乏，血糖水平便会上升，长此以往，甚至会影响心脏、肾脏、视力和血液循环等功能。（放大倍数：未知）

地达诺新晶体（光学显微镜图像）

　　人类免疫缺陷型病毒（又称艾滋病毒）感染细胞后，在逆转录酶的作用下，根据其遗传物质产生病毒 DNA，这个过程被称为逆转录。病毒 DNA 随后被整合到宿主的 DNA 中，随细胞的增殖不断复制下去。地达诺新则能够阻断逆转录过程，从而防止人类免疫缺陷型病毒的增殖。1991 年，齐多夫定被批准后的第四年，地达诺新成为第二种获准用于艾滋病治疗的药物。（放大倍数：未知）

红霉素晶体（光学显微镜图像）

  与青霉素一样，红霉素也是从细菌中提取出来的抗生素，通常用于对青霉素过敏的人，对于某些病症，如气管感染，具有更好的疗效。红霉素从多孢酵母中产生，结构复杂，因此合成非常困难。在人体内，它会被白细胞迅速吸收，并被带到感染部位。（放大倍数：未知）

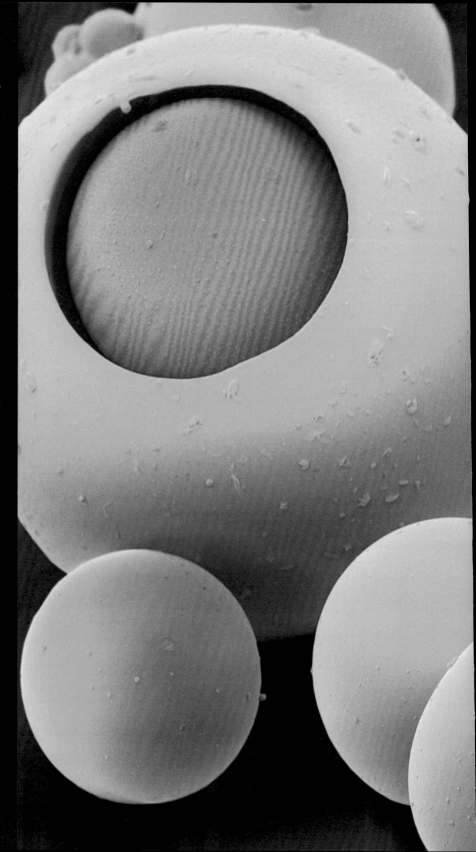

右图：药物载体（彩色扫描电子显微镜图像）

这些球状结构（绿色）是药物载体，能够将药物（粉色）运送到身体的特定部位。药物载体通常由一种聚合物质——聚苯乙烯制成，可以很容易并且持续不断地吸收蛋白质，可以被生物降解，释放其携带的药物。药物在其特定的载体蛋白的保护下可以避免被免疫系统攻击，从而被运送到身体需要的部位。（放大倍数：未知）

后页图：人造血管（彩色电子计算机断层扫描图像）

主动脉瘤存在于人体主动脉壁内，容易破裂，能够致命。这时，应用人造血管能够对主动脉起到修复的作用。治疗方法是先移除动脉的薄弱部分，然后用人造的动脉代替，它们可由支架（一种夹板状装置）支撑，保持打开状态。该图是应用X光照射身体制成的CT扫描图像。（放大倍数：未知）

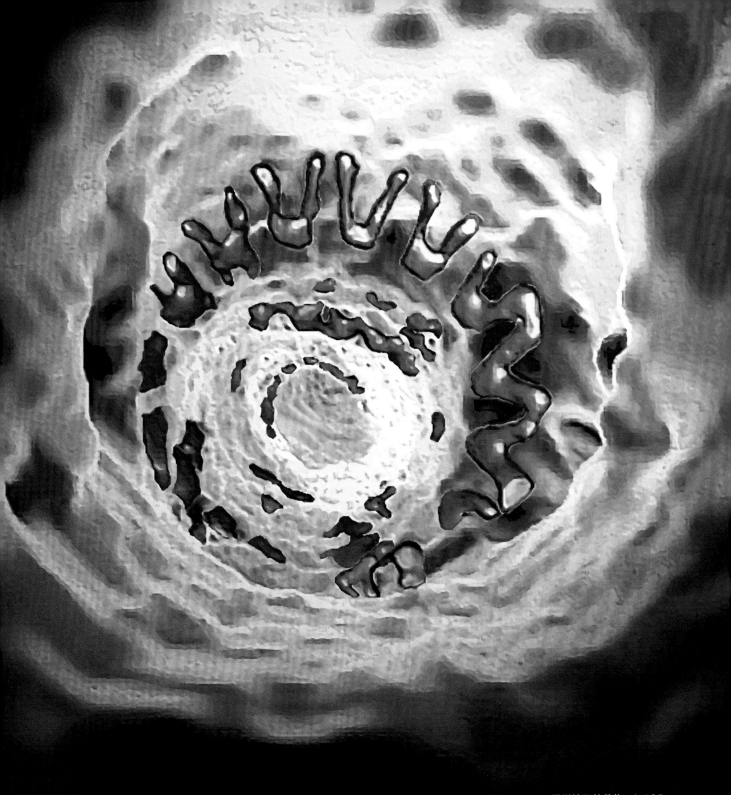

咖啡因晶体（偏振光显微镜图像）

　　咖啡因能够刺激中枢神经系统，提高人的警觉性，延缓疲劳。此外，咖啡因还有脱水与通便的功效。我们对咖啡豆和茶叶中的咖啡因并不陌生。在自然界中，有些昆虫捕食含有咖啡因的植物，而这些咖啡因能够对它们产生麻痹和致死作用。但是对于人类来说，适度的咖啡因很安全，甚至可以预防疾病，如帕金森氏症和一些癌症等。但是大量服用咖啡因会导致睡眠中断、心跳加速和肌肉抽搐的症状。（放大倍数：未知）

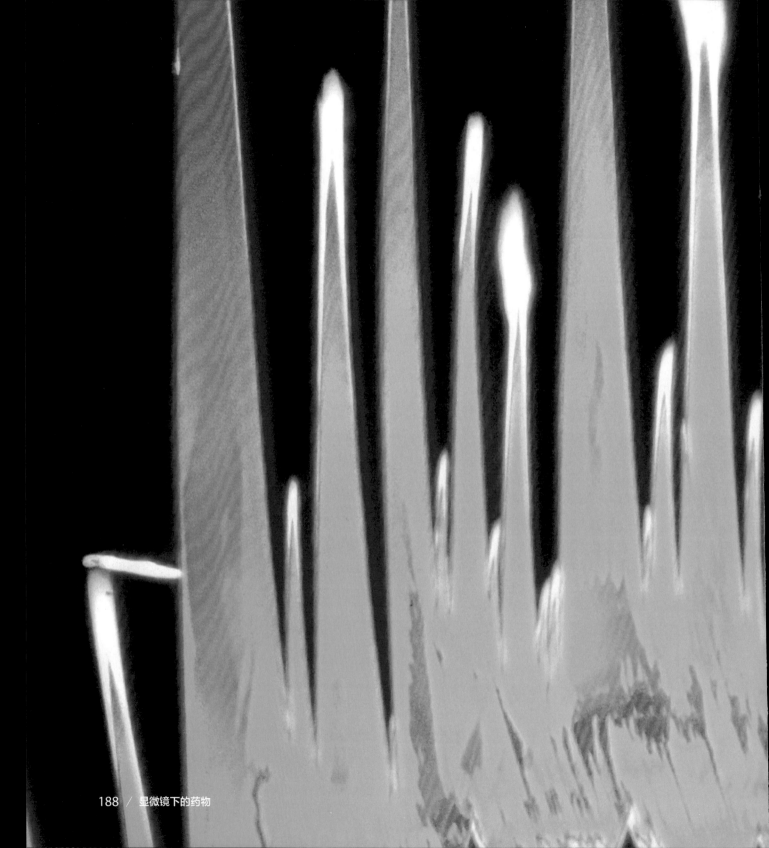

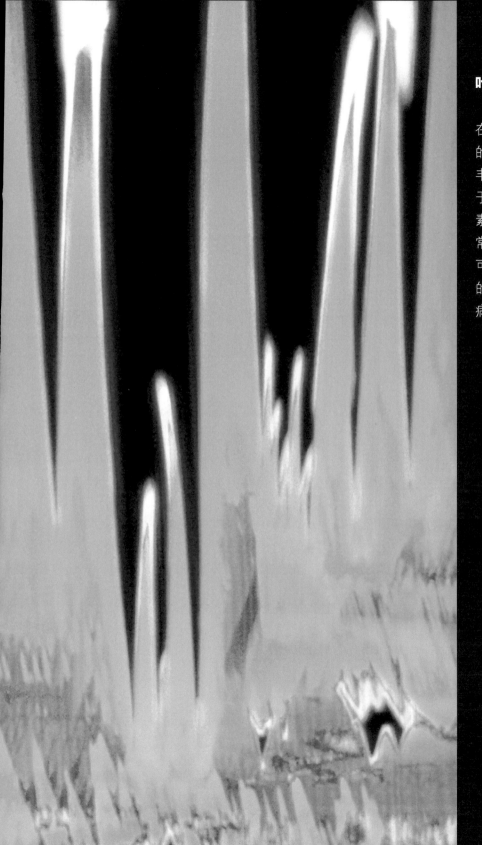

叶酸晶体（偏振光显微镜图像）

　　叶酸是维生素 B9 的天然存在形式。它的名字来源于拉丁语的"叶子"，在绿叶蔬菜中尤为丰富。叶酸是一种合成物，可见于一些补品和强化食品中。维生素 B9 对于细胞的繁殖和生活非常重要。在胎儿发育过程中，它可以防止神经管、中枢神经系统的损伤，从而预防脊柱裂等疾病。（放大倍数：25 倍）

索 引
I n d e x

adipocytes 脂肪细胞 32-33
adrenal gland 肾上腺 20, 93
adrenaline 肾上腺素 92-93
allantoin 尿囊素 167
alveoli 肺泡 54, 88-91
Alzheimer's disease 阿尔茨海默症 152
angiograms 血管造影 9
antibiotics 抗生素 170-177, 182-183
antibodies 抗体 46, 78
antigens 抗原 46
aorta 主动脉 184
arteries 动脉 50, 54, 88
aspirin 阿司匹林 164, 167
asthma 哮喘 169
astrocytes 星形胶质细胞 16-17, 28, 77, 78
avian influenza 禽流感 125
axons 轴突 14, 18, 19, 23, 25, 27, 67, 70, 73, 77

B cells B 细胞 41
bacteria 细菌 49, 124, 144-146, 156, 182
bacteriophages 噬菌体 154-155
balance 平衡 96
barium 钡 9, 146
bile 胆汁 103
bird flu 禽流感 125
blood 血液 36-63
    还包括 red blood cells; white blood cells 红细胞、白细胞
blood clots 血栓 39, 47, 60
blood vessels 血管 50
    in brain 脑血管 56, 67
    capillaries 毛细血管 52, 54, 60, 63, 88, 106, 116
    in intestines 肠血管 52-53, 55
    in lungs 肺血管 54
    in retina 视网膜血管 58
    in stomach 胃壁血管 56
    tumours 肿瘤血管 140
bone marrow 骨髓 33, 39
Bowman's capsule 肾小囊 107
brain 脑 65-83
    blood-brain barrier 血脑屏障 58
    cells 细胞 14-17, 19, 22-23, 25

cerebellum 小脑 22-23, 72-73, 80-81
cerebral cortex 大脑皮层 25
corpus callosum 胼胝体 70
foetal cells 胎儿的脑细胞 82
glial cells 神经胶质细胞 28, 58, 67, 80
grey matter 灰质 19, 23, 25
hypothalamus 下丘脑 93
nerve cells 神经元（神经细胞）; 67, 73, 77-80, 82
neurotransmitters 神经递质 68-69, 87
white matter 白质 70, 78
breast cancer 乳腺癌 136
bronchus 支气管 88

caffeine 咖啡因 186-187
cancer 癌 124, 132-139, 161-163
cannabis 大麻 170
carbon dioxide 二氧化碳 88, 90
cardiac muscle 心肌 63
chromosomes 染色体 34-35
connective tissue 结缔组织 21

corpora amylacea 淀粉样体 74-75
corpus callosum 胼胝体 70
CT scans CT 扫描 9
cytoplasm 细胞质 49, 63, 78
cytoskeleton 细胞骨架 87, 163

dendrites 树突 14, 16, 23, 25, 27, 67, 80
diabetes 糖尿病 111, 161, 179
didanosine 地达诺新 180-181
DNA 124, 181
dopamine 多巴胺 68-69
duodenum 十二指肠 52, 55

E. coli 大肠杆菌 145, 155
electron micrographs 电子显微镜图像 7-8
endocrine system see glands 内分泌系统中的腺体
epithelium 上皮 124, 133
erythromycin 红霉素 182-183

fallopian tubes 输卵管 114
fat cells 脂肪细胞 32-33
fibrin 纤维蛋白 39, 60
fibroblasts 成纤维细胞 21
fluorescence microscopes 荧光显微镜 7
foetus 胎儿 16, 82
folic acid 叶酸 188-189
fungi 真菌 170-175

gallbladder 胆囊 103

gallstones 胆结石 130-131
ganglia 神经节 14, 18
giardia protozoans 贾第虫 156
glomeruli, kidney 肾小球 104-107
glucagon 胰高血糖素 113
glyburide 格列本脲 179
Golgi apparatus 高尔基体 30, 163
grafts, arterial 人造血管 184
granulocytes 粒细胞 33, 39

hair follicles 毛囊 118
heart 心脏 146-149
HeLa cells 海拉细胞 162-163
hepatocytes 肝细胞 30, 103
herpes viruses 疱疹病毒 150
HIV（human immunodeficiency virus）人类免疫缺陷病毒 27, 181
hormone receptor nerve cells 激素受体神经细胞 28
hormones 激素 92-93
　　insulin 胰岛素 110-11, 113
　　melatonin 褪黑素 120-121
　　pituitary gland 脑垂体 83
　　thyroid gland 甲状腺 116

immune system 免疫系统 27, 63, 184
immunofluorescence 免疫荧光 7
influenza 流感 125, 128-129
iris 虹膜 100
islets of Langerhans 胰岛 111-113

keratin 角蛋白 118, 134

Legionaires' disease 军团病 143
light micrographs 光学显微镜图像 7
liver 肝 30-31, 103, 134
lungs 肺 54, 86-91, 169
lymph nodes 淋巴结 49
lymphocytes 淋巴细胞 39, 41, 46, 136
lysosomes 溶酶体 30

macrophages 巨噬细胞 14, 33, 44-45, 47, 48, 127
malaria 疟疾 127
mast cells 肥大细胞 63
measles 麻疹 151
meningitis 脑膜炎 146
metformin 二甲双胍 161
microglial cells 小胶质细胞 42-43, 67
micrographs 显微镜图像 7
microspheres, drug delivery 药物载体 184
microvilli, intestines 肠道微绒毛 108-109
Migraleve 偏头痛药物 164
mitochondria 线粒体 30, 63, 87
MRI scans 核磁共振扫描 9
multipolar neurons 多级神经元 27
muscular dystrophy 肌肉萎缩症 152

Mycobacterium tuberculosis 结核
分枝杆菌 124, 127

neural progenitor cells 神经祖细
胞 28
neurites 神经突起 20, 24
neuroglia 神经胶质细胞 19, 77

oesophagus 食管 116, 134
oligodendrites 寡树突细胞 14
organ of Corti 螺旋器官（柯蒂氏
器官）96
otoliths 耳石 96–97
ovaries 卵巢 114

pancreas 胰腺 111–113
paracetamol 扑热息痛 178
parasites 寄生虫 146, 156
Penicillium fungus 青霉菌 170–
177
phagocytes 吞噬细胞 33, 42
pineal gland 松果体 121
pituitary gland 脑垂体 83
plasma cells 浆细胞 49
platelets 血小板 39, 40, 47, 60, 87
podocytes 足细胞 104, 106

polarized light 偏振光 7
prostate cancer 前列腺癌 139
purkinje cells 浦肯野细胞 22–23,
73, 80–81

radiographs 射线图像 8
red blood cells 红细胞 39, 48, 60,
127
retina 视网膜 58, 99, 100

salbutamol sulphate 硫酸沙丁胺
醇 168–169
salmonella 沙门氏菌 156
scintigraphy 闪烁扫描法 8
seminiferous tubules 曲细精管；
生精小管 12–13
serotonin 血清素 63, 87, 94–95
sex chromosomes 性染色体 34
skin 皮肤 118–119
sperm 精子 12–13
spinal cord 脊髓 18, 27
staining 染色 9
staphylococcus bacteria 葡萄球菌
141, 143
stem cells 干细胞 39
stomach 胃 56

streptococcus 链球菌 143, 144
swine flu 猪流感 129
T cells T 细胞 27, 41, 46
taxol 紫杉醇 160–161
testes 睾丸 13, 136
tongue 舌 115
trachea 气管 141
tractograms 束线图 70
tuberculosis 肺结核 124
tumours 肿瘤 140

uric acid 尿酸 167
urine 尿液 104, 106, 107, 167

vaginal cancer cells 阴道癌细胞
132–133
Ventolin 沙丁胺醇 168–169
viruses 病毒 125, 128–129, 134,
150–151, 154–155, 181
vitamin B9 维生素 B9 189

white blood cells 白细胞 14, 27,
33, 39–42, 46-47, 49, 63, 83, 136

X-ray radiographs X 光照片 9

图片致谢

Picture Credits

Moulds, 166 Martin M. Rotker, 167 Eye of Science, 168 Steve Gschmeissner, 169 David McCarthy, 170 Thierry Berrod, Mona Lisa Production, 171 SCIMAT, 172–173 Steve Gschmeissner, 174 E. Gueho, 175 Photo Indolite Realite & V. Gremet, 176–177 Herve Conge, ISM, 178 Dirk Wiersma, 179 Leonard Lessin, 180–181 Michael W. Davidson, 182–183 Michael W. Davidson, 184 David McCarthy, 185 GJLP, 186–187 Dennis Kunkel Microscopy, Inc./Visuals Unlimited. Corbis: 5 Dr. Stanley Flegler/ Visuals Unlimited, 10–11 SIU/Visuals Unlimited, 44–45 Dr. David Phillips/Visuals Unlimited, 144, 188–189 Dennis Kunkel Microscopy, Inc./Visuals Unlimited. Getty Images: 90–91 Garry DeLong.

博物文库·自然博物馆丛书

本套丛书内容丰富，案例生动，插图精美，语言通俗易懂，既可作为普通读者的知识读本，又可作为科研人员和教师的参考用书；是一套科学性与艺术性、学术性与普及性、工具性与收藏性完美结合的高端科普读物。

病毒博物馆

本书通过340余幅高清电镜彩图和示意图，详细介绍了全球101种与人类生产和生活密切相关的典型病毒及其变异种，展现了病毒神奇的外部形态和内部结构，揭示了病毒惊人的多样性和复杂性，以及它们对地球生命、人类生产和生活的巨大影响。

玛丽莲·鲁辛克（Marilyn J. Roossinck），国际著名病毒学家、科普作家，美国宾夕法尼亚州立大学植物病理学、环境微生物学教授，美国病毒学会理事。长期为《自然》（Nature）、《今日微生物学》（Microbiology Today）等国际顶尖热门科学期刊撰稿。

兰花博物馆

本书出自世界顶尖兰花研究专家之手，详细介绍了全世界具代表性的600种兰花及其近似种，包括它们的原产地、生境、类别、位置、保护现状以及花期。本书为兰花的分类，提出了重要依据。全书共1800余幅插图，不但真实再现了各种兰花的大小和形状多样性，而且也展现了它们美丽的艺术形态。

马克·切斯（Mark Chase），英国皇家植物园乔德雷尔实验室主任，英国皇家学会会员。

马尔滕·克里斯滕许斯（Maarten Christenhusz），荷兰植物学家，曾工作于伦敦自然博物馆、英国皇家植物园。

汤姆·米伦达（Tom Mirenda），美国华盛顿市史密松研究所的兰花收集专家。

甲虫博物馆

甲虫是世界上生态多样性丰富的物种之一，科学家估计，世界上四分之一的动物物种属于甲虫。它们的形态、尺寸和色彩令人目不暇接，使全世界的科学家和采集家趋之若鹜。本书详细介绍了全世界具代表性的 600 种令人惊叹的甲虫及其近缘物种，包括地理分布，采集和鉴定的基本方法，以及它们的栖息环境、大小尺寸、习性食性、发育过程和生物学特征等基本信息，为甲虫的分类提出了重要的依据。

帕特里斯·布沙尔（Patrice Bouchard），加拿大昆虫、蛛螨、线虫国家标本馆（渥太华）研究员，鞘翅目馆员。

贝壳博物馆

本书详细介绍了全世界最具代表性的 600 种海洋贝类及其近似种。这些重要贝类分布范围遍及全球，栖息环境从潮间带延伸至深海，从寒冷的极地延伸到热带海洋。每种小贝壳都配有两种高清原色彩图，一种图片与原物种真实尺寸相同，另一种为特写图片，能清晰辨识出该物种的主要特征。此外，每种贝壳标本均配有相应的黑白图片，并详细标注了尺寸。

M. G. 哈拉塞维奇（M. G. Harasewych），国际史密森学会无脊椎动物研究所负责人，收藏有全世界十分丰富的软体动物标本。他发现了很多新物种。

法比奥·莫尔兹索恩（Fabio Moretzsohn），动物学博士，得克萨斯州哈特研究所研究员，《得克萨斯海贝百科全书》的作者之一。

蛙类博物馆

本书作者团队为世界顶尖青蛙研究专家，在书中向我们展示了神奇的青蛙世界，简要阐述了青蛙的起源和分类、进化多样性、摄食行为、社会性等知识，主要篇幅则详细介绍了 600 多种最令人惊叹、适应性最为奇妙的青蛙。目前，青蛙在全世界迅速地减少，主要原因是环境污染、气候变化、外来物种侵入以及人类扩张造成栖息环境的缩小等。因此，青蛙是一个重要的污染物指标。

蒂姆·哈利迪（Tim Halliday），世界著名两栖动物专家，英国开放大学生物学荣誉退休教授。他撰写了多部著作，包括史密森学会手册的爬行动物卷和两栖动物卷。

蘑菇博物馆

绚丽多彩，千姿百态，奇幻神秘 —— 蘑菇已经进化形成了一系列令人惊叹的奇异形状遍布在地球上，从赤道到两极的每一个角落。本书向我们展示了色彩斑斓的蘑菇世界，简要介绍了蘑菇类鉴定的方法、形态、分类、分布、采集和收藏方面的知识，每张图片都是以实际大小拍摄，清晰生动，色彩丰富，真实地再现了自然界美妙绝伦的艺术形态。

彼得·罗伯茨（Peter Roberts），英国皇家植物园真菌学家。其足迹遍布欧洲、美洲、大洋洲、亚洲等地，发表了大量关于温带及热带蘑菇的研究文章。